高等职业教育"互联网+"土建系列教材

工程造价专业

工程造价原理

主　编　郝风田　张兰兰

副主编　张卫伟　张传芹　孙园园

GONGCHENG ZAOJIA
YUANLI

南京大学出版社

图书在版编目(CIP)数据

工程造价原理 / 郝风田，张兰兰主编. — 南京：
南京大学出版社，2020.12
ISBN 978 - 7 - 305 - 23989 - 2

Ⅰ. ①工… Ⅱ. ①郝… ②张… Ⅲ. ①建筑造价管理
－高等职业教育－教材 Ⅳ. ①TU723.31

中国版本图书馆 CIP 数据核字(2020)第 231751 号

出版发行 南京大学出版社
社 址 南京市汉口路 22 号 邮编 210093
出 版 人 金鑫荣

书 名 工程造价原理
主 编 郝风田 张兰兰
责任编辑 朱彦霖 编辑热线 025 - 83597482

照 排 南京开卷文化传媒有限公司
印 刷 南京人民印刷厂有限责任公司
开 本 787×1092 1/16 印张 11 字数 285 千
版 次 2020 年 12 月第 1 版 2020 年 12 月第 1 次印刷
ISBN 978 - 7 - 305 - 23989 - 2
定 价 32.00 元

网 址:http://www.njupco.com
官方微博:http://weibo.com/njupco
微信服务号:njutumu
销售咨询热线:(025)83594756

随着建筑行业的发展，从业人员队伍日益壮大，有志从事工程造价工作的人逐年增加，这给行业的健康发展注入了新生力量。

当前，工程造价的确定主要有两种方法，一种是传统的定额计价方法，一种是工程量清单计价方法。传统的定额计价目前仍然是清单计价的基础，并且该计价方法在建设工程各个阶段仍发挥着重要作用。因此，工程造价学习者和从业人员有必要对建筑工程定额有所认识和了解。同时工程造价学习者和从业人员对于建筑工程定额的认识和理解程度将会对他们的计价工作产生重要的直接影响。有鉴于此，本教材对建筑工程定额进行了较为系统的整理和编排，希望能帮助工程造价学习者和从业者对定额有更加系统深入的认识和理解。

本教材以建设部颁布的《全国统一建筑工程基础定额》《全国统一建筑安装工程劳动定额》及部分地区建筑工程定额、建设工程造价估算指标等为依据，系统全面地阐述了工程造价的基本理论。具体包括工程造价的基本概念、工程造价费用的组成、计价方法、工程造价费用的计算，定额的产生与发展、定额的作用与分类，定额人工、材料、机械台班消耗量以及台班单价的确定方法，预算定额、概算定额、概算指标、投资估算指标、工程单价的编制以及定额编制计算实例和建筑工程定额应用等内容。在编写过程中力求做到系统性强，语言精练，通俗易懂，理论联系实际。本书既可作为工程造价、工程管理、建筑经济管理等土建类专业教材，也可供自学和相关专业人员参考。

由于编者知识水平有限，加上编写时间仓促，书中难免有不妥之处。希望使用本教材的院校老师和同学们能够及时反馈意见和要求，以使本教材更加完善。

编　者

2020.11

目 录

单元 1　建筑工程造价概述

 本单元知识点

1. 掌握工程建设的概念,熟悉建设项目的分类,掌握建设项目的构成;
2. 掌握工程造价的两个含义,熟悉工程造价的特点、职能、作用;
3. 掌握建设项目总投资的构成;
4. 熟悉建筑工程计价方法及计价依据;
5. 掌握建设项目总投资构成
6. 掌握建筑工程造价费用的计算
7. 熟悉造价工程师执业制度和工程造价咨询企业管理制度。

任务 1　工程建设概述

一、工程建设的概念

（一）工程建设的概念

工程建设是社会经济各部门固定资产的形成过程。过去通常也称为基本建设。工程建设是一种综合性的经济活动,是把一定数量的建筑材料、机械设备和资金等,通过建造、购置和安装等活动,转化为固定资产,形成新的生产能力或使用效益的过程,以及与此相关的其他工作,如土地征用、勘察设计、招标投标、生产职工培训等也是工程建设的组成部分。

（二）工程建设的内容

1. 建筑工程

是指永久性和临时性的各种土木建筑、构筑物的土建、采暖、通风、给排水、照明工程、动力、电讯管线的敷设工程、设备基础、工业炉砌筑、厂区竖向布置工程、铁路、公路、桥涵、农田水利工程以及建筑场地平整、清理和绿化工程等。

2. 设备安装工程

包括生产、动力、运输、实验等各种需要安装机械设备的工程,包括与设备相连的工作台等装设工程,以及附属于被安装设备的管线敷设、绝缘、保温、油漆和单个设备的各种试车工作。

3. 设备、工具和器具购置

指为了建筑工程竣工后能发挥效益所必须购置的各种设备、工具、器具、生产家具及实验仪器等。

4. 其他工程建设工作

包括不属于以上各类的工程建设工作。如勘察设计、筹建机构、征用土地、试运转、生产职工培训和建设单位管理等工作。

二、建设项目的概念

建设项目是指按一个总体规划或设计进行建设的,由一个或若干个互有内在联系的单项工程组成的工程总和。

在中国,通常以一家企业、一个单位或一个独立工程为一个建设项目。如一个工厂、一个国营农场、一个独立的水利工程、一条铁路等。凡属于一个总体设计中分期分批进行的主体工程、附属配套工程、综合利用工程和供水供电工程都作为一个建设项目。不能把不属于同一总体设计并分别核算的几个建设项目,合并为一个建设项目;也不能把同一总体设计范围内的各个工程,划分为几个建设项目。

三、建设项目的分类

为了加强工程建设项目的科学管理,正确反映建设项目内容及规模,建设项目可以按照不同的划分标准进行分类。

（一）按照建设性质划分

建设项目按其建设性质不同,可分为新建项目、扩建项目、改建项目、迁建项目和恢复项目。

1. 新建项目

指根据国民经济和社会发展的近远期规划,按照规定的程序立项,从无到有,新建的投资建设项目。对原有建设项目重新进行总体设计,扩大建设规模后,其新增加固定资产价值超过原有全部固定资产价值三倍以上的建设项目,也属于新建项目。

2. 扩建项目

指在原有的基础上投资扩大建设的工程项目。如原有企业为扩大原有产品的生产能力和效益,或增加新产品的生产能力和效益而增建的生产车间、独立生产线;行政事业单位在原有业务系统的基础上扩大规模而增建的固定资产投资项目。

3. 改建项目

指原有建设单位为了提高生产效率,改进产品质量或改进产品方向,对原有设备或工程进行改造的项目;或为了提高综合生产能力,增加一些附属和辅助车间或非生产工程的项目。

4. 迁建项目

指原有企事业单位根据自身生产经营和事业发展的需要,按照国家调整生产力布局的经济发展战略需要或出于环境保护等各种原因,报经上级批准进行搬迁建设的项目。迁建项目中符合新建、扩建、改建条件的,应分别作为新建、扩建或改建项目。迁建项目不包括留在原址的部分。

5. 恢复项目

指原有企事业单位或行政单位,因自然灾害、战争或人为灾害等原因使原有固定资产遭受全部或部分报废,以后又投资按原有规模重新恢复起来的项目。

建设项目按其性质分为上述五类,一个建设项目只能有一种性质,在项目按总体设计全部建成以前,其建设性质是始终不变的。

(二)按照投资作用划分

建设项目按其投资在国民经济中的作用,分为生产性工程项目和非生产性工程项目。

1. 生产性工程项目

指直接用于物质生产或直接为物质生产服务的项目,主要包括工业建设项目、农业建设项目、基础设施建设项目和商业建设项目。

2. 非生产性工程项目

指直接用于满足人民物质和文化生活需要的项目,主要包括公共事业建设、文教卫生、科学研究、住宅公寓、党政机关和团体办公用房建设等项目。

(三)按照建设规模划分

为了适应建设项目分级管理的需要,建设项目可分为大型项目、中型项目和小型项目;更新改造项目分为限额以上项目和限额以下项目。不同等级标准的建设项目,在项目依法报建时,其审批机构或报建程序有所不同。划分项目等级的原则如下:

(1)大型项目、中型项目和小型项目应按照批准的可行性研究报告(初步设计)所确定的总设计能力或投资总额的大小,依据国家颁布的《基本建设项目大中小型划分标准》进行划分。

(2)生产单一产品的工业项目,一般按产品的设计生产能力划分;生产多种产品的工业项目,一般按其主要产品的设计生产能力来划分;生产品种繁多,不易分清主次,难以按产品的设计生产能力划分时,可按投资总额划分。

(3)对国民经济和社会发展具有特殊意义的某些建设项目,虽然设计能力或全部投资不够大、中型项目标准,经国家批准已列入大、中型计划或国家重点建设工程的项目,也按照大、中型建设项目进行管理。

(4)更新改造项目一般只按投资规模划分为限额以上项目和限额以下项目两类,不再按生产能力或其他标准划分。

基本建设项目的大、中、小型和更新改造项目的限额的具体划分标准,根据各个时期经济发展水平和实际工作中的需要而有所变化。

(四)按照项目的投资效益和市场需求划分

按照工程建设项目的经济效益、社会效益和市场需求等基本特性,可将其划分为竞争性项目、基础性项目和公益性项目三种。

1. 竞争性项目

指投资效益较高,竞争性较强的一般性建设项目。这些项目进入容易、市场调节作用明显。如商务办公楼、酒店、度假村、高档公寓等项目。这类建设项目的投资主体一般为企业,由企业自主决策,自担投资风险。

2. 基础性项目

指具有自然垄断性、建设周期长、投资额大而收益较低的基础设施或需要政府重点扶持的一部分基础工业项目,以及直接增强国力的符合经济规模的支柱产业项目。如交通、能源、水利、城市公用设施等。对于这类项目,政府应集中必要的财力和物力,通过经济实体进行投资,同时,还应广泛吸收地方、企业参与投资,有时还可吸收外商直接投资。

3.公益性项目

指为社会发展服务、难以产生经济效益的建设项目。主要包括科技、文教、卫生、体育和环保等设施,公、检、法等政权机关以及政府机关、社会团体、办公设施、国防建设等项目。公益性项目的投资主要由政府用财政资金安排。

(五)按照项目的资金来源划分

按照项目的资金来源,建设项目可划分为政府投资项目和非政府投资项目两类。

1.政府投资项目

指为了适应和推动国民经济或区域经济的发展,满足社会的文化、生活需要,以及出于政治、国防等因素的考虑,由政府通过财政投资、发行国债或地方财政债券、利用外国政府赠款和国家财政担保的国内外金融组织的贷款等方式独资或合资兴建的建设项目。

2.非政府投资项目

指企业、集体单位、外商和私人投资建设的工程项目。这类项目一般均实行项目法人责任制,使项目的建设与建成后的运营实现全过程管理。

四、建设项目的构成

建设项目是一个有机的整体,为了建设项目的科学管理和经济核算,人们将建设项目整体根据其组成进行科学的分解,划分建设项目、单项工程、单位工程、分部工程和分项工程。

建筑工程计价原理

(一)建设项目

建设项目是指在一个或几个场地上,按一个总体设计进行施工的一个或几个单项工程的总体。建设项目在行政上具有独立的组织形式,经济上实行独立核算,如新建一座工厂、一所学校、一个住宅小区等都可称为一个建设项目。

一个建设项目通常由一个或若干个单项工程组成。

(二)单项工程

单项工程亦称为"工程项目",是建设项目的组成部分,是指具有独立的设计文件,建成后可以独立发挥生产设计能力或效益的工程。例如一个新建学校的建设项目,其中的教学楼、办公楼、宿舍楼、图书馆等工程都是单项工程。

单项工程由若干个单位工程组成。

(三)单位工程

单位工程是指不能独立发挥生产能力,但具有独立设计文件,具有独立的施工图,可以独立组织施工的工程。如一栋教学楼的土建工程、电气照明工程、给水排水工程等都是单位工程。

(四)分部工程

分部工程是指单位工程中按工程结构、所用工种、材料和施工方法的不同而进一步划分的工程。它是单位工程的组成部分。如土建工程里面的土石方工程、桩基础工程、砌筑工程、脚手架工程、混凝土及钢筋混凝土工程等属于一个分部工程。

(五)分项工程

分项工程是将分部工程按照不同的施工方法、材料及规格进一步划分的工程。它是能通过较简单的施工过程生产出来的,可以用适当的计量单位计算并便于测定并计算其消耗的工程基本构成要素。在工程造价管理中,将分项工程作为一种"假定产品"。如土建工程中按建设工程的主要工种划分的土方工程、钢筋工程等。

以上各层次的分解结构如图1-1所示。

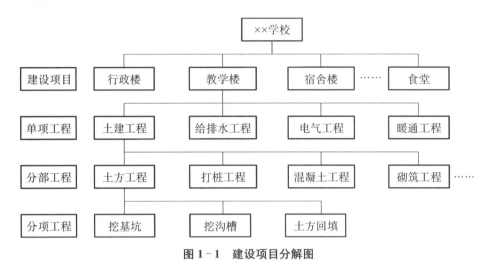

图1-1　建设项目分解图

任务2　工程造价基本概念

一、工程造价的含义

工程造价是指工程的建造价格。这里所说的工程,泛指一切建设工程,它的范围和内涵具有很大的不确定性。工程造价具有两种含义:

工程造价概述

工程造价的第一种含义是从投资者或项目法人的角度定义的(建造价格或工程投资费用)。这是一个广义的概念,是指建设一项工程预期开支或实际开支的全部固定资产投资费用,即该工程项目有计划地进行固定资产、形成相应无形资产和铺底流动资金的一次性费用总和。

工程造价的第二种含义是从承包商、供应商、实际市场供给主体来定义的。这是一个狭义的概念,是建成一项工程,预计或实际在土地市场、设备市场、技术劳务市场以及承发包市场等交易活动中所形成的建筑安装工程的价格和建筑工程总价格。工程造价的这种含义是以社会主义商品经济和市场经济为前提的。它以工程这种特定的商品形式作为交换对象,通过招投标、承发包或其他交易形式,在进行多次预估的基础上,最终由市场形成的价格。

工程造价的两种含义是从不同角度把握同一事物的本质。工程投资费用是对应于投资者和项目法人而言的,工程价格是对应于承发包双方而言的。工程投资费用的外延是全方位的,即工程建设所有费用;而工程价格的涵盖范围不是全方位的,它是随工程发承包范围不同有较大的差异,即使对"交钥匙"工程而言也不是全方位的。如建设项目的贷款利息、建设单位的管理费等都是不可能纳入工程承发包范围的。在总体数额及内容组成等方面,工程投资费用总是大于工程价格的总和。

二、工程造价的特点

工程造价的构成具有一般商品价格的共性,即由工程成本及费用、利润和税金组成,但与一般商品相比,其价格形成过程与机制却由于工程项目本身及其建设过程具有独特的技术经济特点而有较大的差异,从而使工程造价具有以下显著特点:

(一)工程造价的大额性

建设工程不仅实物体形庞大,而且造价非常高,动辄数百万、数千万,特大型的工程项目造价可达数百亿、数千亿人民币。工程造价的大额性不仅关系到有关各方面的重大经济利益,同时也会对国家宏观经济产生重大影响。这就决定了工程造价的特殊地位,也彰显了工程造价管理的重要意义。

(二)工程造价的个别性和差异性

任何一项工程都有特定的用途、功能、规模,所处的地理位置也不相同。因此,对每一项工程的结构、造型、空间分割、工艺设备、建筑材料和内外装饰都有特殊的要求,所以工程内容和实物形态都具有差异,再加上不同地区构成投资费用的各种价格要素的差异,最终造成工程造价的个别性和差异性。

(三)工程造价的动态性

任何一项工程从决策到竣工交付使用都有一个较长的建设期间,在建设期内,往往由于诸多不可控因素的存在,如设计变更、材料、设备价格、工资标准以及取费费率的调整,贷款利率、汇率的变化,从而造成许多工程造价的动态变动。所以,工程造价在整个建设期处于不确定状态,甚至竣工决算后才能最终确定工程的实际造价。

(四)工程造价的层次性

工程的层次性决定了工程造价的层次线性。一个建设项目往往包含多项能够独立发挥生产能力和工程效益的单项工程。一个单项工程又由多个单位工程组成。与此相对应,工程造价有三个层次,即建设项目总造价、单项工程造价和单位工程造价。

(五)工程造价的兼容性

工程造价的兼容性,首先表现在本身具有的两种含义上。其次表现在工程造价构成的广泛性和复杂性,工程造价除建筑安装工程费用、设备及工器具购置费用外,征用土地费用、项目可行性研究费用、规划设计费用、与一定时期政府政策(产业和税收政策)相关的费用占有相当的份额。

三、工程造价的职能

工程造价的职能,除一般商品价格职能外,还有自己特殊的职能。

(一)预测职能

工程造价具有大额性和动态性的特点,无论是投资者还是承包商都要对拟建工程的工程造价进行预测。

(二)控制职能

工程造价的控制职能表现在以下两点:第一,是对投资的控制,即在投资各个阶段,根据对工程造价的预估和测算,对造价进行全过程多层次的控制;第二,是对以承包商为代表的商品和劳务供应企业的成本控制。在价格一定的条件下,企业实际成本开支决定企业的盈利水平。

（三）评价职能

工程造价是评价建设项目总投资和分项投资合理性和投资效益的主要依据之一,在评价土地价格、建筑产品和设备价格的合理性时,就必须利用工程造价资料;在评价建设项目偿贷能力、获利能力和宏观效益时,也可依据工程造价。此外,工程造价也是评价建筑安装企业管理水平和经营效果的重要依据。

（四）调控职能

工程建设直接关系到国民经济增长,也直接关系到国家重要资源分配和资金流向,影响国计民生。因此,在任何条件下国家对建设规模、产品结构进行宏观调控都是不可或缺的,对政府投资项目进行直接调控和管理也是非常必要的。这些都需要用工程造价作为经济杠杆,调控和管理工程建设中的物资消耗水平、建设规模、投资方向等工作。

四、工程造价的作用

工程造价涉及国民经济各机构、各行业,涉及社会再生产的各个环节,也直接关系到人民群众生活和城镇居民的居住条件,其作用范围和影响程度很大。

（一）工程造价是项目决策的依据

建设工程具有投资大、生产和使用周期长等特点,这就决定了项目决策的重要性。工程造价决定着项目投资的一次性费用,在进行项目决策时主要要考虑投资者是否有足够的财务能力支付这笔费用,以及是否认为值得支付这笔费用。财务能力是一个独立的投资主体在进行投资决策时必须首先要解决的问题。如果建设工程造价超过了投资者的支付能力,投资者就需要放弃拟建的项目;如果项目投资的效果达不到预期的目标,投资者同样会放弃拟建项目。因此,建设工程造价在项目决策阶段,是进行项目财务分析和经济评价的重要依据。

（二）工程造价是制定投资计划和控制投资的依据

建设主体的投资计划是按照建设工期、工程进度和工程造价等逐年制定的。合理的投资计划能够帮助企业有效地使用资金。工程造价对于控制投资有十分重要的作用,工程造价是通过多次概、预算,最终通过竣工决算确定的,每一次概、预算的过程就是对造价控制的过程。

（三）工程造价是筹集建设资金的依据

投资体制的改革和市场经济的建立,要求项目的投资者必须有很强的筹资能力,以保证有足够的资金支持工程的建设。工程造价基本决定了建设资金的需要量,从而为筹集资金提供了比较准确依据。

（四）工程造价是利润合理分配和调节产业结构的手段

建设项目工程造价的高低,涉及国民经济各机构和企业间的利益分配。在市场经济中,受到供求关系的影响,工程造价在围绕价值的波动中实现对建设规模、产业结构和利益分配的调节。结合政府的宏观调控和价格的政策导向,工程造价在这方面的作用会充分发挥出来。

（五）工程造价是评价投资效果的重要指标

建设工程造价是一个包含着多层次工程造价的体系,就一个工程项目而言,既是建设项目的总造价,又包含单项工程和单位工程的造价,同时也包含单位生产能力的造价或一个平方米建筑面积的造价等等。所有这些,使工程造价自身形成了一个指标体系。因此,工程造价能为评价投资效果提供多种评价指标,并能形成新的价格信息,为今后类似项目的投资提供参照体系。

任务3 建筑工程计价

一、建筑工程计价方法

计价,就是计算工程的造价或价格。建筑工程的价格是由成本、利润及税金组成,这与一般工业产品是相同的。但是两者的价格确定方法大不相同,一般工业产品的价格是批量价格、单价价格与成百上千该规格型号产品的价格是相同的;而建筑工程的价格由于其特殊性,都必须是单独确定,这是由于自身特点确定的。

建筑工程具有建设地点的固定性、施工的流动性、产品的单件性、施工周期长、涉及部门广等特点。每个产品都必须单独设计和单独施工才能完成,即使使用同一套图纸,也会因建设地点和时间的不同,合同的约定不同,最终形成不同的建造价格。

因此建筑工程的价格必须由特殊的定价方式来确定,那就是每个建筑工程必须单独定价。

随着信息化技术的普及,工程造价的计量与计价已经发生了革命性的改变,目前我国建筑工程的计价模式有两种:定额计价模式和清单计价模式。两种计价模式分别对应两种计价方法:定额计价和工程量清单计价。

1. 定额计价

定额计价法是我们使用了几十年的一种计价模式,是建立在以政府定价为主导的计划经济管理基础上的价格管理模式,它所体现的是政府对工程价格的直接管理和调控。

按定额计价模式确定工程造价,充分发挥了预算定额和费用定额的作用。早期的定额计价,预算定额的消耗量及单价都是确定造价的依据,费用定额确定了各项费用标准。定额计价在一定程度上防止高估冒算和压级压价,体现了工程造价的规范性,统一性和合理性。但对市场经济起到抑制作用,不利于促进施工企业改进技术,加强管理,提高劳动效率。现阶段的定额计价是依据定额的消耗量,实际的人材机单价以及费用定额进行计价,定额单价都需要根据实际单价进行替换。

2. 工程量清单计价

为了适应市场经济的需要,2003年国家推行工程量清单计价,采用这种计价模式是促进建设市场有序竞争和健康发展的需要,在招标活动中,招标人提供工程量清单,由各投标人在投标报价时根据企业自身情况自主报价,在市场竞争中形成建筑产品价格。

工程量清单计价是适应我们加入WTO,融入世界大市场的需要。随着改革开放的进一步加快,我国经济日益融入全球市场。特别是我国加入WTO后,建筑市场进一步对外开放,国外的企业以及投资的项目越来越多地进入国内市场,我国企业走出国门海外投资和经营的项目也在不断增加。为了适应这种对外开放建设市场的形势,就必须与国际通行的计价方法相适应,为建设市场主体创造一个与国际管理接轨的市场竞争环境。工程量清单计价是国际通行的计价方法,在我国实行工程量清单计价,有利于提高国内建设各方主体参与国际化竞争的能力。

但是由于清单计价的综合单价需要套用相应的定额才能确定,所以清单计价是无法独立存在,必须要依附于定额才能有单价的产生,因此定额以及定额计价仍然起到不可替代的作用。多年来,工程计价定额已经成为独具中国特色的中国工程计价依据的核心内容,庞大的工程计价定额体系也是我国工程管理的宝贵财富。

二、建筑工程造价成果文件类型

工程造价成果文件,在建设过程中的不同阶段所表现的形式不同。例如,在初步设计与技术设计阶段,需要编制设计概算,在施工图设计阶段编制施工图预算。施工图预算编制的比较繁琐,这将是我们研究的重点内容。同样是施工图预算,由于所处的立场不同,也有不同的表现形式。比如一个工程要采用招投标的方式,那么作为招标人要编制招标控制价,作为投标人要编制投标报价。这不仅仅是名称的不同,两种不同的报价文件,编制依据和计价方法也有不同。但是无论是编制招标控制价还是投标报价,采用定额计价的方式编制,其编制的步骤是大致相同的。

一个建设项目可以划分为若干个建设程序,在不同的建设阶段,作为造价专业的从业人员,需要提供不同的造价文件成果,工程造价的成果文件主要包括:投资估算、工程概算、修正概算、施工图预算、工程结算。

投资估算是指在项目建议书和可行性研究阶段通过编制估算文件预先预算的工程造价。投资估算是进行项目决策、筹集资金和合理控制造价的主要依据。所用的定额一般为投资估算指标。

工程概算是指初步设计阶段,根据设计意图,通过编制工程概算文件,预先测算的工程造价。与投资估算相比,工程概算的准确性有所提高,但是受投资估算的控制。工程概算一般又可以分为:建设项目总概算、各单项工程综合概算、各单位工程概算。编制的方法主要有概算指标和概算定额法两种,分别依据概算指标和概算定额进行编制。

修正概算是指在技术设计阶段,根据技术设计要求,通过编制修正概算文件预先测算的工程造价。修正概算是对初步设计概算的修正和调整,比工程概算准确,但受工程概算控制。编制的方法同工程概算。

施工图预算是指在施工图设计阶段,根据施工图纸,通过编制预算文件预先测算的工程造价。施工图预算比工程概算或者修正概算更为详尽和准确,但同样要受前一阶段工程造价的控制。编制的时候所用到的定额统称为预算定额。目前的预算定额主要有两种:全国统一定额和地区定额,其表现形式也不尽相同:一种是定额中只有人工、材料、施工机具使用台班的消耗量,不含单价,另外一种是含单价。除此之外,各地区的叫法也不完全一样,如预算定额、计价表、计价定额、估价表、消耗量定额,基础定额等。

工程结算包括施工过程中的中间结算和竣工验收阶段的竣工结算。工程结算需要按照实际完成的合同范围内合格工程量考虑,同时按合同调价范围和调价方法,对实际发生的工程量增减、设备和材料价差等进行调整后确定结算价格。工程结算反映的是工程项目实际造价。工程结算文件一般由承包单位编制，由发包单位审查，也可委托工程造价咨询机构进行审查。无论是中间结算还是竣工结算其编制原理基本相同，工程结算应该是以施工合同为依据，编制方法可以是定额计价也可以是清单计价。无论哪种方法编制都离不开预算定额。

三、建筑工程计价依据

在确定建筑工程造价时，必须依据真实可靠、合法有效的计价依据才能完成。计价依据是多方面的，不同的计价文件和计价方法其计价依据会有所不同。建筑工程定额计价法计算工程造价时，计价依据主要有以下几个内容：

(1) 建筑工程计价定额；

(2) 国家或省级、行业建设主管部门颁发的计价办法；

(3) 地区颁布的建筑工程预算定额以及配套的费用定额等；

(4) 建筑工程施工图纸；

(5) 与工程相关的施工组织设计或施工方案；

(6) 与建设项目相关的标准图集、技术规范、技术标准等技术资料；

(7) 建筑工程人工、材料、施工机具使用台班的单价；

(8) 建筑工程施工合同、招标文件等；

(9) 其他计价依据。

其他计价依据主要包括：

(1) 双方的事先约定；

(2) 工程所在地的政治、经济及自然环境；

(3) 市场竞争情况等。

任务4　建设项目总投资构成

一、建设项目总投资构成

建设项目总投资是为完成工程项目建设并达到使用要求或生产条件，在建设期内预计或实际投入的全部费用总和。生产性建设项目总投资包括建设投资、建设期利息和流动资金三部分；非生产性建设项目总投资包

建设项目总投资

括建设投资和建设期贷款利息两部分。其中建设投资和建设期利息之和对应于固定资产投资，固定资产投资与建设项目的工程造价在量上相等。

工程造价基本构成包括用于购买工程项目所含各种设备的费用，用于建筑施工和安装施工所需支出的费用，用于委托工程勘察设计应支付的费用，用于购置土地所需的费用，也包括用于建设单位自身进行项目筹建和项目管理所花费的费用等。总之，工程造价是进行一项工程建造所需要花费的全部费用，即从工程项目确定建设意向到建成竣工验收为止的整个建设期所支付的全部费用，这是保证工程项目建设正常进行的必要资金，是建设项目投

资中最主要的部分。

工程造价中的主要构成部分是建设投资。根据国家发改委和建设部发布的《建设项目经济评价方法与参数(第三版)》(发改投资〔2006〕1325号)的规定,建设投资包括工程费用、工程建设其他费用和预备费三部分。工程费用是指直接构成固定资产实体的各种费用,可以分为建筑安装工程费和设备及工器具购置费;工程建设其他费用是指建设期发生的与土地使用权取得、整个工程项目建设以及未来生产经营有关的构成建设投资但不包括在工程费用中的费用。预备费是指为了保证工程项目的顺利实施,避免在难以预料的情况下造成投资不足而预先安排的一笔费用,包括基本预备费和价差预备费。建设项目总投资的具体构成内容如图1-2所示。

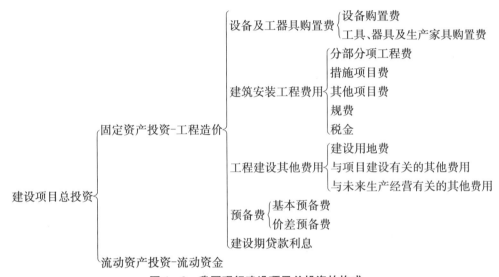

图1-2 我国现行建设项目总投资的构成

二、设备及工器具购置费用

设备及工器具购置费用是固定资产投资中的积极部分。在生产性工程建设中,设备及工器具购置费用占工程造价比重的增大,意味着生产技术的进步和资本有机构成的提高。

设备及工器具购置费用包括设备购置费和工具、器具及生产家具购置费两部分,设备购置费是指建设项目中达到固定资产标准的设备购置费,而工器具家具购置费则是指那些达不到固定资产标准的设备购置费。

(一)设备购置费的构成及计算

设备购置费是指为建设项目购置或自制的达到固定资产标准的各种国产或进口设备、工器具及生产家具等所需的费用。它由设备原价和设备运杂费构成。

设备原价是指国产标准设备原价、国产非标准设备原价、进口设备的抵岸价;设备运杂费指设备原价为包括的关于设备采购、运输、途中包装及仓库保管等方面支出费用的总和。如果设备是由设备成套公司供应的,成套公司的服务费也应计入设备运杂费用中。

1.国产设备原价的构成及计算

国产设备原价一般指的是设备制造厂的交货价或订货合同价。它一般根据生产厂或供应商的询价、报价、合同价确定,或采用一定的方法计算确定。国产设备原价分为国产标准设备原价和国产非标准设备原价。

(1) 国产标准设备原价。国产标准设备是指按照主管部门颁布的标准图和技术要求，由我国设备生产厂批量生产的，符合国家质量检测标准的设备。国产标准设备原价一般指的是设备制造厂的交货价，即出厂价。有的设备有两种出厂价，即带有备件的原价和不带备件的原价。在计算时，一般采用带有备件的原价。

(2) 国产非标准设备原价。国产非标准设备是指国家尚无定型标准，各设备生产厂不可能批量生产，只能按一次订货，并根据具体的设计图制造的设备。非标准设备由于单件生产、无定型标准，所以无法获取市场交易价格，只能按其成本构成或相关技术参数估算其价格。非标准设备原价有多种不同的计算方法，如成本计算估价法、系列设备插入估价法、分部组合估价法、定额估价法等。其中，成本计算估价法是一种比较常用的估算非标准设备原价的方法。无论采用哪种方法，都应该使非标准设备计价接近实际出厂价，并且计算方法要简便。

2. 进口设备原价的构成及计算

所谓进口设备，是指通过国际贸易或经济合作途径，采取不同的贸易方式，从国外购买成套设备或专有工艺和设备以及与之相应的工艺设计和技术软件等，获得生产产品的技术。

进口设备的原价是指进口设备的抵岸价，即抵达买方边境港口或边境车站，且交完关税的价格。抵岸价通常是由进口设备到岸价(CIF)和进口从属费构成。进口设备的到岸价，即抵达买方边境港口或边境车站的价格。在国际贸易中，交易双方所使用的交货类别不同，则交易价格的构成内容也有所差异。进口从属费用包括银行财务费、外贸手续费、进口关税、消费税、进口环节增值税等，进口车辆的还需缴纳车辆购置税。

(1) 进口设备的交货方式及特点

进口设备的交货方式大致可分为内陆港交货类、目的地交货类、装运港交货类三种。

① 内陆港交货方式。这是指双方在出口国内陆的某个地点完成交货任务。在交货地点，卖方及时提交合同规定的货物和有关凭证，并负担交货前的一切费用和风险；买房接受货物，交付货款，负担交货后的一切费用和风险，并自行办理出口手续和装运出口。货物的所有权也在交货后由卖方移给买方。这类交货方式对进口国极为不便，在国际贸易中应用较少。内陆港交付的货款额，便是进口设备的货价。

② 目的地交货方式。这是指卖方要在进口国家的某个港口或内地完成交货任务。买卖双方承担的责任和风险，是以目的地约定交货地点为分界线。只有当卖方在目的交货地点将货物交于买方才算交货，才能向买方收取货款。这种交货方式对卖方来说承担的风险较大，在国际贸易中卖方一般不愿采用。

③ 装运港交货方式。这是指卖方在出口国装运港完成交货任务，主要有装运港船上交货价(FOB)习惯称离岸价格，分运费在内价(CFR)、保费在内价(CIF)习惯称到岸价格。这种交货方式是出口国按照约定时间，在出口国的某个装运港的船上，及时提交合同规定的货物和有关凭证，并负担交货前的一切费用和风险。进口国按时接受货物，交付货款，负担接货后的一切费用和风险。

(2) 进口设备到岸价的构成及计算

进口设备采用最多的是装运港船上交货价(FOB)，其到岸价的构成可概括为：

进口设备到岸价(CIF)＝离岸价格(FOB)＋国际运费＋国外运输保险费
＝运费在内价(CFR)＋国外运输保险费

① 货价。一般指装运港船上交货价(FOB)。设备货价分为原币货价和人民币货价,原币货价一律折算为美元表示,人民币货价按原币货价乘以外汇市场兑换人民币汇率中间价确定。进口设备货价按有关生产厂商询价、报价、订货合同价计算。

② 国际运费。即从装运港(站)到达我国目的港(站)的运费。我国进口设备大部分采用海洋运输,小部分采用铁路运输,个别采用航空运输。进口设备国际运费计算公式为:

$$国际运费(海、陆、空)=交货价(FOB)×运费率$$
$$国际运费(海、陆、空)=运量×单位运价$$

其中,运费率或单位运价参照有关部门或进出口公司规定执行。

③ 国外运输保险费。对外贸易货物运输保险是由保险人(保险公司)与被保险人(出口人或进口人)订立保险契约,在被保险人交付议定保险费后,保险人根据保险契约的规定对货物在运输过程中发生的承保责任范围内的损失给予经济上的补偿。这是一种财产保险。计算公式为:

$$国外运输保险费=\frac{(离岸价+国际运费)}{1-国际运输保险费率}×国际运输保险费率$$

(3) 进口从属费的构成及计算具体如下:

进口从属费=银行财务费+外贸手续费+关税+消费税+进口环节增值税+车辆购置税

① 银行财务费。一般是指在国际贸易结算中,中国银行为进出口商提供金融结算服务所收取的费用。计算公式为

$$银行财务费=人民币货价(FOB价)×银行财务费率$$

② 外贸手续费。指按原对外经济贸易部规定的外贸手续费率计取的费用,外贸手续费率一般取 1.5%,计算公式为:

$$外贸手续费=[货价(FOB)+国际运费+运输保险费]×外贸手续费率$$

③ 关税。由海关对进出国境或关境的货物和物品征收的一种税。计算公式为:

$$关税=[货价(FOB)+国际运费+运输保险费]×进口关税税率$$

到岸价格作为关税的计征基数时,通常又可称为关税完税价格。进口关税税率分为优惠和普通两种。优惠税率适用于与我国签订关税互惠条款的贸易条约或协定的国家的进口设备;普通税率适用于与我国未签订关税互惠条款的贸易条约或协定的国家的进口设备。进口关税税率按我国海关总署发布的进口关税税率计算。

④ 消费税。仅对部分进口设备(如轿车、摩托车等)征收。计算公式如下:

$$应纳消费税额=\frac{货价(FOB)+关税}{1-消费税税率}×消费税税率$$

其中,消费税税率根据规定的税率计算。

⑤ 增值税。这是对从事进口贸易的单位和个人,在进口商品报关进口后征收的税种。我国增值税条例规定,进口应税产品均按组成计税价格和增值税税率直接计算应纳税

额,即:

$$进口产品增值税额＝组成计税价格×增值税税率$$
$$组成计税价格＝关税完税价格＋进口关税＋消费税$$

⑥ 车辆购置税。进口车辆需缴进口车辆购置税。

3. 设备运杂费的构成及计算

设备运杂费通常由下列各项构成:

(1) 运费和装卸费。国产设备由设备制造厂交货地点起至工地仓库(或施工组织设计指定的需要安装设备的堆放地点)止所发生的运费和装卸费;进口设备则由我国到岸港口或边境车站起至工地仓库(或施工组织设计指定的需安装设备的堆放地点)止所发生的运费和装卸费。

(2) 包装费。在设备原价中没有包含的设备费包装和包装材料器具费,在设备出厂价或进口设备价格中包含了此项费用,则不应重复计算。

(3) 设备供销部门的手续费。按有关部门规定的统一费率计算。

(4) 采购与仓库保管费。指采购、验收、保管和收发设备所发生的各种费用,包括设备采购人员、保管人员和管理人员的工资、工资附加费、办公费、差旅交通费,设备供应部门办公和仓库所占固定资产使用费、工具用具使用费、劳动保护费、检验试验费等。这些费用可按主管部门规定的采购与保管费费率计算。

由于设备种类繁多,各种设备来源、供应情况和运输方式不一,不能逐台计算其运杂费,一般根据主管部门规定的设备运杂费率按以下公式计算:

$$设备运杂费＝设备原价×设备运杂费率$$

一般来讲,进口设备的运杂费率比国产设备的运杂费率要高;国产设备内地和交通不便利地区的设备运杂费率比沿海和交通便利地区的设备运杂费率要高;边远地区的设备运杂费率则更高一些。中央各部门对国产和进口设备的运杂费率均有详细规定。

(二)工具、器具及生产家具购置费

工具、器具及生产家具购置费,是指新建或扩建项目初步设计规定的,保证初期正常生产必须购置的没有达到固定资产标准的设备、仪器、工卡模具、器具、生产家具和备品备件等的购置费用。一般以设备购置费为计算基数,按照部门或行业规定的工具、器具及生产家具费率计算。

三、建筑安装工程费用构成及计算

(一)建筑安装工程费用的构成

在工程建设中,建筑安装工程是创造价值的生产活动。建筑安装工程费是指为完成工程项目建造、生产性设备及配套工程安装所需的费用,它包括建筑工程费用和安装工程费用两部分。

建筑工程
计价原理

(二)我国现行建筑安装工程费用项目组成

工程建设中,建筑安装工程费用也被称为建筑安装工程造价,作为建筑安装工程价值的货币表现,是建设投资的重要构成。

根据住房城乡建设部、财政部颁布的"关于印发《建筑安装工程费用项目组成》的通知"（建标〔2013〕44 号），我国现行建筑安装工程费用可按造价形成和费用构成要素划分，其具体构成如图 1-3 所示。

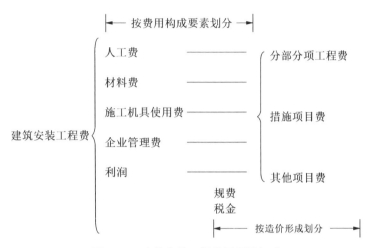

图 1-3　建筑安装工程费用项目组成

1. 按造价形成划分建筑安装工程费用构成和计算

建筑安装工程费按工程造价形成划分，是由分部分项工程费、措施项目费、其他项目费、规费和税金五部分费用构成。

1）分部分项工程费

分部分项工程是指按现行国家计量规范对各专业工程划分的项目。分部分项工程费则是指各专业工程的分部分项工程应予列支的各项费用。分部分项工程费的计算公式如下：

建筑安装工程费用项目组成（一）

$$分部分项工程费 = \sum（分部分项工程量 \times 综合单价）$$

其中，综合单价包括人工费、材料费、施工机具使用费、企业管理费和利润，以及一定范围的风险费用。

2）措施项目费

措施项目费是指为完成建设工程施工，发生于该工程施工前和施工过程中的技术、生活、安全、环境保护等方面的费用。措施项目及其包含的内容应遵循各类专业工程的现行国家或行业计量规范。以《房屋建筑与装饰工程工程量计算规范》（GB 50854—2013）中的规定为例，措施项目费可以分为总价措施项目费和单价措施项目费

总价措施项目的概念与分类

（1）总价措施项目费

总价措施项目费是指在现行工程量清单计价规范中无工程量计算规则，以计算基础乘费率计算的措施项目。江苏省房屋建筑与装饰工程的总价措施项目费，包括项目如下：

① 安全文明施工费。为满足施工安全、文明、绿色施工以及环境保护、职工健康生活所需要的各项费用。本项为不可竞争费用。通常由环境保护费、文明施工费、安全施工费、绿色施工费构成。

② 夜间施工费。是指因夜间施工所发生的夜班补助费、夜间施工降效、夜间施工照明设备摊销及照明用电等费用。

③ 非夜间施工照明费。是指为保证工程施工正常进行,在地下室等特殊施工部位施工时所采用的照明设备的安拆、维护及照明用电等费用。

④ 二次搬运费。是指因施工场地条件限制而发生的材料、成品、半成品等一次运输不能到达堆放地点,必须进行二次或多次搬运的费用。

⑤ 冬雨季施工增加费。是指在冬季或雨季施工需增加的临时设施、防滑、排除雨雪,人工及施工机械效率降低等费用。

⑥ 地上、地下设施、建筑物的临时保护设施费。是指在工程施工过程中,对已建成的地上、地下设施和建筑物进行的遮盖、封闭、隔离等必要保护措施所发生的费用。

⑦ 已完工程及设备保护费。是指竣工验收前,对已完工程及设备采取的必要保护措施所发生的费用。

⑧ 临时设施费。是指施工企业为进行工程施工所必需的生活和生产用的临时建筑物、构筑物和其他临时设施的搭设、使用、拆除等费用。

⑨ 赶工措施费。是指施工合同工期比我省现行工期定额提前,施工企业为缩短工期所发生的费用。如施工过程中,发包人要求实际工期比合同工期提前时,由发承包双方另行约定。

⑩ 工程按质论价。是指施工合同约定质量标准超过国家规定,施工企业完成工程质量达到经有权部门鉴定或评定为优质工程所必须增加的施工成本费。

⑪ 特殊条件下施工增加费。是指地下不明障碍物、铁路、航空、航运等交通干扰而发生的施工降效费用。

⑫ 住宅工程分户验收。是指按《住宅工程质量分户验收规程》(DGJ32/TJ 103—2010)的要求对住宅工程进行专门验收(包括蓄水、门窗淋水等)发生的费用。室内空气污染测试不包含在住宅工程分户验收费用中,由建设单位直接委托检测机构完成,由建设单位承担费用。

(2) 单价措施项目费

单价措施项目费是指在现行工程量清单计算规范中有对应工程量计算规则,按人工费、材料费、施工机具使用费、管理费和利润形式组成综合单价的措施项目。

$$单价措施项目费 = \sum (措施项目工程量 \times 综合单价)$$

房屋建筑与装饰工程的单价措施项目费,包括项目如下:

① 脚手架工程费。是指施工需要的各种脚手架搭、拆、运输费用以及脚手架购置费的摊销(或租赁)费用。

② 混凝土模板及支架(撑)费。是指混凝土施工过程中需要的各种钢模板、木模板、支架等的支拆、运输费用及模板、支架的摊销(或租赁)费用。

③ 垂直运输费。是指现场所用材料、机具从地面运至相应高度以及职工人员上下工作面等所发生的运输费用。

④ 超高施工增加费。当单层建筑物檐口高度超过 20 m,多层建筑物超过 6 层时,可计算超高施工增加费。

⑤ 大型机械设备进出场及安拆费。是指机械整体或分体自停放场地运至施工现场或由一个施工地点运至另一个施工地点,所发生的机械进出场运输及转移费用及机械在施工现场进行安装、拆卸所需的人工费、材料费、机械费、试运转费和安装所需的辅助设施的费用。

⑥ 施工排水、降水费。是指将施工期间有碍施工作业和影响工程质量的水排到施工场地以外,以及防止在地下水位较高的地区开挖深基坑出现基坑浸水,地基承载力下降,在动水压力作用下还可能引起流砂、管涌和边坡失稳等现象而必须采取有效的降水和排水措施费用。

3)其他项目费

其他项目费由暂列金额、暂估价、计日工、总承包服务费组成。

① 暂列金额。是指建设单位在工程量清单中暂定并包括在工程合同价款中的一笔款项。用于施工合同签订时尚未确定或者不可预见的所需材料、工程设备、服务的采购,施工中可能发生的工程变更、合同约定调整因素出现时的工程价款调整以及发生的索赔、现场签证确认等的费用。由建设单位根据工程项目特点,按有关计价规定估算;施工过程中由建设单位掌握使用,扣除合同价款调整后仍有剩余,余额归建设单位。

② 暂估价。是指建设单位在工程量清单中提供的用于支付必然发生但暂时不能确定价格的材料、工程设备的单价、专业工程的金额。包括材料暂估单价、工程设备暂估单价以及专业工程暂估价。材料暂估单价和工程设备暂估单价在清单综合单价中考虑,不应计入暂估价汇总。

③ 计日工。是指在施工过程中,施工企业完成建设单位提出的施工图纸以外的零星项目或工作所需的费用。计日工费用的计算主要是依据发包人和承包人施工过程中的工程签证。

④ 总承包服务费。是指总承包人为配合、协调建设单位进行的专业工程发包,对建设单位自行采购的材料、工程设备等进行保管以及施工现场管理、竣工资料汇总整理等服务所需的费用。总承包服务费由建设单位在招标控制价中根据总包服务范围和有关计价规定编制,施工企业投标时自主报价,施工过程中按签约合同价执行。总承包服务范围由建设单位在招标文件中明示,并且发承包双方在施工合同中约定。

4)规费

规费是指按国家法律、法规规定,由省级政府和省级有关权力部门规定必须缴纳或计取的费用。规费主要包括社会保险费、住房公积金和环境保护税。

规费税金的计算

(1)社会保险费

① 养老保险费。是指企业按照规定标准为职工缴纳的基本养老保险费。

② 失业保险费。是指企业按照规定标准为职工缴纳的失业保险费。

③ 医疗保险费。是指企业按照规定标准为职工缴纳的基本医疗保险费。

④ 生育保险费。是指企业按照规定标准为职工缴纳的生育保险费。

⑤ 工伤保险费。是指企业按照规定标准为职工缴纳的工伤保险费。

(2)住房公积金

住房公积金是指企业按规定标准为职工缴纳的住房公积金。

（3）环境保护税

环境保护税是指为实现一定生态保护目标而对一切开发、利用环境资源的单位和个人，按其对环境资源的开发、利用、污染及破坏程度进行征收的一种税收。

5）税金

税金是指根据建筑服务销售价格，按规定税率计算的增值税销项税额。

建筑安装工程费用项目组成（二）

2. 按费用构成要素划分建筑安装工程费用项目构成和计算

建筑安装工程费用按照费用构成要素划分，包括：人工费、材料费（包含工程设备，下同）、施工机具使用费、企业管理费、利润、规费和税金。

1）人工费

建筑安装工程费中的人工费，是指支付给直接从事建筑安装工程施工作业的生产工人的各项费用。人工费的组成内容包括：

① 计时工资或计件工资。计时工资或计件工资是指，按计时工资标准和工作时间或对已做工作按计件单价支付给个人的劳动报酬。

② 奖金。奖金是指，对超额劳动和增收节支支付给个人的劳动报酬。如节约奖、劳动竞赛奖等。

③ 津贴补贴。津贴补贴是指，为了补偿职工特殊或额外的劳动消耗和因其他特殊原因支付给个人的津贴，以及为了保证职工工资水平不受物价影响支付给个人的物价补贴。如流动施工津贴、特殊地区施工津贴、高温（寒）作业临时津贴、高空津贴等。

④ 加班加点工资。加班加点工资是指，按规定支付的在法定节假日工作的加班工资和在法定日工作时间外延时工作的加点工资。

⑤ 特殊情况下支付的工资。特殊情况下支付的工资是指，根据国家法律、法规和政策规定，因病、工伤、产假、计划生育假、婚丧假、事假、探亲假、定期休假、停工学习、执行国家或社会义务等原因按计时工资标准或计时工资标准的一定比例支付的工资。

2）材料费

建筑安装工程费中的材料费，是指工程施工过程中耗费的各种原材料、辅助材料、构配件、零件、半成品或成品、工程设备的费用。其中，工程设备是指构成或计划构成永久工程一部分的机电设备、金属结构设备、仪器装置及其他类似的设备和装置。材料费的组成内容包括：

① 材料原价。材料原价是指材料、工程设备的出厂价格或商家供应价格。

② 运杂费。运杂费是指材料、工程设备自来源地运至工地仓库或指定堆放地点所发生的全部费用。

③ 运输损耗费。运输损耗费是指材料在运输装卸过程中不可避免的损耗。

④ 采购及保管费。采购及保管费是指组织采购、供应和保管材料、工程设备的过程中所需要的各项费用。包括采购费、仓储费、工地保管费、仓储损耗。

3）施工机具使用费

建筑安装工程费中的施工机具使用费，是指施工作业所发生的施工机械、仪器仪表使用费或其租赁费。包括施工机械使用费和仪器仪表使用费两个部分。

（1）施工机械使用费

施工机械使用费是指，施工机械作业所发生的机械使用费以及机械安拆费和场外运费。

施工机械使用费的组成内容包括：

① 折旧费。折旧费是指施工机械在规定的使用年限内，陆续收回其原值的费用。

② 大修理费。大修理费是指施工机械按规定的大修理间隔台班进行必要的大修理，以恢复其正常功能所需的费用。

③ 经常修理费。经常修理费是指施工机械除大修理以外的，各级保养和临时故障排除所需的费用。包括为保障机械正常运转所需替换设备与随机配备工具，附具的摊销和维护费用，机械运转中日常保养所需润滑与擦拭的材料费用及机械停滞期间的维护和保养费用等。

④ 安拆费及场外运费。安拆费指施工机械（大型机械除外）在现场进行安装与拆卸所需的人工、材料、机械和试运转费用以及机械辅助设施的折旧、搭设、拆除等费用；场外运费指施工机械整体或分体自停放地点运至施工现场或由一施工地点运至另一施工地点的运输、装卸、辅助材料及架线等费用。

⑤ 人工费。人工费是指机上司机（司炉）和其他操作人员的人工费。

⑥ 燃料动力费。燃料动力费是指施工机械在运转作业中所消耗的固体燃料（煤、木柴）、液体燃料（汽油、柴油）及水、电等。

⑦ 税费。税费是指施工机械按照国家规定应缴纳的车船使用税、保险费及年检费等。

（2）仪器仪表使用费

仪器仪表使用费是指工程施工所需使用的仪器仪表的摊销及维修费用。

4）企业管理费

企业管理费是指建筑安装企业组织施工生产和经营管理所需的费用。企业管理费的组成内容包括：

① 管理人员工资：是指按规定支付给管理人员的计时工资、奖金、津贴补贴、加班加点工资及特殊情况下支付的工资等。

② 办公费：是指企业管理办公用的文具、纸张、账表、印刷、邮电、书报、办公软件、监控、会议、水电、燃气、采暖、降温等费用。

③ 差旅交通费：是指职工因公出差、调动工作的差旅费、住勤补助费，市内交通费和误餐补助费，职工探亲路费，劳动力招募费，职工退休、退职一次性路费，工伤人员就医路费，工地转移费以及管理部门使用的交通工具的油料、燃料等费用。

④ 固定资产使用费：指企业及其附属单位使用的属于固定资产的房屋、设备、仪器等的折旧、大修、维修或租赁费。

⑤ 工具用具使用费：是指企业施工生产和管理使用的不属于固定资产的工具、器具、家具、交通工具和检验、试验、测绘、消防用具等的购置、维修和摊销费，以及支付给工人自备工具的补贴费。

⑥ 劳动保险和职工福利费：是指由企业支付的职工退职金、按规定支付给离休干部的经费，集体福利费、夏季防暑降温、冬季取暖补贴、上下班交通补贴等。

⑦ 劳动保护费：是企业按规定发放的劳动保护用品的支出。如工作服、手套、防暑降温饮料、高危险工作工种施工作业防护补贴以及在有碍身体健康的环境中施工的保健费用等。

⑧ 工会经费：是指企业按《工会法》规定的全部职工工资总额比例计提的工会经费。

⑨ 职工教育经费：是指按职工工资总额的规定比例计提，企业为职工进行专业技术和

职业技能培训,专业技术人员继续教育、职工职业技能鉴定、职业资格认定以及根据需要对职工进行各类文化教育所发生的费用。

⑩ 财产保险费:指企业管理用财产、车辆的保险费用。

⑪ 财务费:是指企业为施工生产筹集资金或提供预付款担保、履约担保、职工工资支付担保等所发生的各种费用。

⑫ 税金:指企业按规定交纳的房产税、车船使用税、土地使用税、印花税等。

⑬ 意外伤害保险费:企业为从事危险作业的建筑安装施工人员支付的意外伤害保险费。

⑭ 工程定位复测费:是指工程施工过程中进行全部施工测量放线和复测工作的费用。建筑物沉降观测由建设单位直接委托有资质的检测机构完成,费用由建设单位承担,不包含在工程定位复测费中。

⑮ 检验试验费:是施工企业按规定进行建筑材料、构配件等试样的制作、封样、送达和其他为保证工程质量进行的材料检验试验工作所发生的费用。

不包括新结构、新材料的试验费,对构件(如幕墙、预制桩、门窗)做破坏性试验所发生的试样费用和根据国家标准和施工验收规范要求对材料、构配件和建筑物工程质量检测检验发生的第三方检测费用,对此类检测发生的费用,由建设单位承担,在工程建设其他费用中列支。但对施工企业提供的具有合格证明的材料进行检测不合格的,该检测费用由施工企业支付。

⑯ 非建设单位所为四小时以内的临时停水停电费用。

⑰ 企业技术研发费:建筑企业为转型升级、提高管理水平所进行的技术转让、科技研发,信息化建设等费用。

⑱ 其他:业务招待费、远地施工增加费、劳务培训费、绿化费、广告费、公证费、法律顾问费、审计费、咨询费、投标费、保险费、联防费、施工现场生活用水电费等等。

⑲ 附加税:国家税法规定的应计入建筑安装工程造价内的城市建设维护税、教育费附加及地方教育附加。

5)利润

利润是指施工企业完成所承包工程获得的盈利,由施工企业根据企业自身需求并结合建筑市场实际自主确定。取定的利润水平过高可能会导致丧失一定的市场机会,取定的利润水平过低又会面临很大的市场风险,相对于成本水平来说,利润率的选定体现了企业的定价政策,利润率的确定是否合理也反映出企业的市场成熟度。

利润不包括施工企业由于降低工程成本而获得的经营利润。利润的设立,不仅可以增加施工企业收入,改善职工的福利待遇和技术装备,调动施工企业广大职工的积极性,而且可以增加社会总产值的国民收入。

6)规费

规费是指按国家法律、法规规定,由省级政府和省级有关权力部门规定必须缴纳或计取的费用。规费主要包括社会保险费、住房公积金和环境保护税。

(1)社会保险费

① 养老保险费。是指企业按照规定标准为职工缴纳的基本养老保险费。

② 失业保险费。失业保险费是指企业按照规定标准为职工缴纳的失业保险费。

③ 医疗保险费。是指企业按照规定标准为职工缴纳的基本医疗保险费。

④ 生育保险费。是指企业按照规定标准为职工缴纳的生育保险费。

⑤ 工伤保险费。是指企业按照规定标准为职工缴纳的工伤保险费。

（2）住房公积金

住房公积金是指企业按规定标准为职工缴纳的住房公积金。

（3）环境保护税

环境保护税是指为实现一定生态保护目标而对一切开发、利用环境资源的单位和个人，按其对环境资源的开发、利用、污染及破坏程度进行征收的一种税收。

7）税金

税金是指根据建筑服务销售价格，按规定税率计算的增值税销项税额。

四、工程建设其他费用构成和计算

工程建设其他费用，是指工程项目从筹建到竣工验收交付使用的整个建设期间，为保证工程建设顺利完成和交付使用后能够正常发挥效用而发生的，除建筑安装工程费用和设备及工器具购置费用以外的各项费用。

（一）土地使用费

土地使用费是指为获得工程项目建设土地的使用权而在建设期内发生的各项费用，包括通过划拨方式取得土地使用权而支付的土地征用及迁移补偿费，或者通过土地使用权出让方式取得土地使用权而支付的土地使用权出让金。

1. 土地征用及迁移补偿费

土地征用及迁移补偿费指建设项目通过行政划拨方式取得无限期的土地使用权，所需须承担征地补偿费用或对原用地单位或个人的拆迁补偿费用。其内容包括土地补偿费、安置补助费、地上附着物和青苗的补偿费、新菜地开发建设基金等。

（1）土地补偿费

土地补偿费是对农村集体经济组织因土地被征用而造成的经济损失的一种补偿。土地补偿费标准同土地质量及年产值有关，通常为该耕地被征前三年平均年产值的 6～10 倍。征用其他土地的补偿费标准，由省、自治区、直辖市参照征用耕地的补偿费标准规定。土地补偿费归农村集体经济组织所有。

（2）安置补助费

安置补助费应支付给被征地单位和安置劳动力的单位，作为劳动力安置与培训的支出，以及作为不能就业人员的生活补助。征收耕地的安置补助费，按照需要安置的农业人口数计算。需要安置的农业人口数，按照被征收的耕地数量除以征地前被征收单位平均每人占有耕地的数量计算。每一个需要安置的农业人口的安置补助费标准，为该耕地被征收前三年平均年产值的 4～6 倍。但是，每公顷被征收耕地的安置补助费，最高不得超过被征收前三年平均年产值的 15 倍。

（3）地上附着物和青苗的补偿费

青苗补偿费是因征地时对其正在生长的农作物受到损害而做出的一种赔偿。在农村实行承包责任制后，农民自行承包土地的青苗补偿费应付给本人，属于集体种植的青苗补偿费可纳入当年集体收益。凡在协商征地方案后抢种的农作物、树木等，一律不予补偿。地上附着物是指房屋、水井、树木、涵洞、桥梁、公路、水利设施、林木等地面建筑物、构筑物、附着物等。地上附着物和青苗的补偿标准,由省、自治区、直辖市规定。

(4)新菜地开发建设基金

新菜地开发建设基金指征用城市郊区商品菜地时支付的费用。这项费用交给地方财政,作为开发建设新菜地的投资。新菜地开发建设基金按城市规模的大小,有不同的收取标准。

在特殊情况下,可以提高征收耕地的土地补偿费和安置补助费的标准。依照以上规定支付土地补偿费和安置补助费,尚不能使需要安置的农民保持原有生活水平的,经省、自治区、直辖市人民政府批准,可以增加安置补助费。但是,土地补偿费和安置补助费的总和不得超过土地被征收前三年平均年产值的30倍。

2. 土地使用权出让金

土地使用权出让金为用地单位向国家支付的土地所有权收益。通过出让方式获取国有土地使用权又可以分成两种具体方式:一是通过招标、拍卖、挂牌等竞争出让方式获取国有土地使用权,二是通过协议出让方式获取国有土地使用权。

出让金标准一般参考城市基准地价并结合其他因素制定,政府地价不作统一规定,但坚持以下原则:即地价对目前的投资环境不产生大的影响;地价与当地的社会经济承受能力相适应;地价要考虑已投入的土地开发费用、土地市场供求关系、土地用途、所在区类、容积率和使用年限等。有偿出让和转让使用权,要向土地受让者征收契税,转让土地如有增值,要向转让者征收土地增值税;土地使用者每年应按规定的标准缴纳土地使用费。土地使用权出让或转让,应先由地价评估机构进行价格评估后,再签订土地使用权出让和转让合同。

(二)与建设项目有关的其他费用

1. 建设管理费

建设管理费是指建设单位为组织完成工程项目建设,从项目筹建开始直至办理竣工决算为止发生的各类管理性费用,包括以下内容:

(1)建设单位管理费。是指建设单位发生的管理性质的开支。包括:工作人员工资、工资性补贴、施工现场津贴、职工福利费、住房基金、基本养老保险费、基本医疗保险费、失业保险费、工伤保险费、办公费、差旅交通费、劳动保护费、工具用具使用费、固定资产使用费、必要的办公及生活用品购置费、必要的通信设备及交通工具购置费、零星固定资产购置费、招募生产工人费、技术图书资料费、业务招待费、设计审查费、工程招标费、合同契约公证费、咨询费、完工清理费、竣工验收费、印花税和其他管理性质开支。

(2)工程监理费。工程监理费是指建设单位委托工程监理单位实施工程监理的费用。此项费用应按《建设工程监理与相关服务收费管理规定》(发改价格〔2007〕670号)计算。依法必须实行监理的建设工程施工阶段的监理收费实行政府指导价;其他建设工程施工阶段的监理收费和其他阶段的监理与相关服务收费实行市场调节价。

建设单位管理费按照工程费用之和(包括设备工器具购置费和建筑安装工程费用)乘以建设单位管理费费率计算。

2. 可行性研究费

可行性研究费是指在建设项目投资决策阶段,编制和评估项目建议书(或可行性研究报告)以及可行性研究报告所需的费用。

3. 研究试验费

研究试验费是指为建设项目提供和验证设计数据、资料等进行必要的研究试验及按照设计规定在建设过程中必须进行试验和验证所需的费用。这项费用按照设计单位根据本工程项目的需要提出的研究试验内容和要求计算,但不包括以下费用:

(1) 应由科技三项费用(即新产品试验费、中间试验费和重要科学研究补助费)开支的项目。

(2) 应在建筑安装费用中列支的施工企业对建筑材料、构件和建筑物进行一般鉴定、检查所发生的费用及技术革新的研究试验费。

(3) 应由勘察设计费或工程费用中开支的项目。

4. 勘察设计费

勘察设计费是指委托勘察设计单位对工程项目进行水文地质勘察和工程设计所发生的各项费用,包括工程勘察费、初步设计费(基础设计费)、施工图设计费(详细设计费)和设计模型制作费。

5. 环境影响评价费

环境影响评价费是指按照《中华人民共和国环境保护法》《中华人民共和国环境影响评价法》等规定,为全面、详细评价本建设项目对环境可能产生的污染或造成的重大影响所需的费用。包括编制环境影响报告书(含大纲)、环境影响报告表以及对环境影响报告书(含大纲)、环境影响报告表进行评估等所需的费用。

6. 劳动安全卫生评价费

劳动安全卫生评价费是指按照《建设项目(工程)劳动安全卫生监察规定》和《建设项目(工程)劳动安全卫生预评价管理办法》的规定,为预测和分析建设项目存在的职业危险、危害因素的种类和危险危害程度,并提出先进、科学、合理、可行的劳动安全卫生技术和管理对策所需的费用。包括编制建设项目、劳动安全卫生预评价大纲和劳动安全卫生预评价报告书以及为编制上述文件所进行的工程分析和环境现状调查等所需费用。

7. 场地准备及临时设施费

场地准备及临时设施费包括场地准备费和临时设施费。建设项目场地准备费是指建设项目为达到工程开工条件进行的场地平整和对建设场地余留的有碍于施工建设的设施进行拆除清理的费用。建设单位临时设施费是指建设单位为满足工程项目建设、生活、办公的需要,用于临时设施建设、维修、租赁、使用所发生或摊销的费用。

场地准备和临时设施费的计算应注意以下四点:

(1) 场地准备及临时设施应尽量与永久性工程统一考虑。建设场地的大型土石方工程应进入工程费用中的总图运输费用中。

(2) 新建项目的场地准备和临时设施费应根据实际工程量估算,或按工程费用的比例计算。改扩建项目一般只计拆除清理费。

(3) 发生拆除清理费时可按新建同类工程造价或主材费、设备费的比例计算。凡可回收材料的拆除工程采用以料抵工方式冲抵拆除清理费。

(4) 此项费用不包括已列入建筑安装工程费用中的施工单位临时设施费用。

8. 引进技术和引进设备其他费

引进技术和引进设备其他费是指引进技术和设备发生的但未计入设备购置费中的费

用,包括出国人员费用、国外工程技术人员来华费用、技术引进费、分期或延期付款利息、担保费以及进口设备检验鉴定费。

9. 工程保险费

工程保险费是指建设项目在建设期间根据需要对建筑工程、安装工程、机器设备和人身安全进行投保而发生的保险费用。包括建筑安装工程一切险、引进设备财产保险和人身意外伤害险等,不包括已经列入施工企业管理费中的施工管理财产、车辆保险。

不同的建设工程可以根据工程特点选择投保险种,根据不同的工程类别,分别以其建筑、安装工程费乘以建筑、安装工程保险费费率计算。

10. 特殊设备安全监督检验费

特殊设备安全监督检验费是指在施工现场组装的锅炉及压力容器、压力管道、消防设备、燃气设备、电梯等特殊设备和设施,由安全监察部门按照有关安全监察条例和实施细则以及设计技术要求进行安全检验,应由建设项目支付的、向安全监察部门缴纳的费用。特殊设备安全监督检验费此项费用按照建设项目所在省(自治区、直辖市)安全监察部门的规定标准计算。无具体规定的,在编制投资估算和概算时可按受检设备现场安装费的比例估算。

11. 市政公用设施建设及绿化费

市政公用设施费是指使用市政公用设施的建设项目,按照项目所在地省一级人民政府有关规定建设或缴纳的市政公用设施建设配套费用,以及绿化工程补偿费用。

该项费用按工程所在地人民政府规定标准计列,不发生或按规定免征项目不计取。

(三)与未来企业生产经营有关的其他费用

1. 联合运转费

联合费是指新建项目或新增加生产能力的工程项目,在交付生产前按照批准的设计文件所规定的工程质量标准和技术要求,进行整个生产线或装置的负荷联合试运转或局部联动试车所发生的费用净支出(试运转支出大于收入的差额部分费用)。

联合试运转费不包括应由设备安装工程费用开支的调试及试车费用,以及在试运转中暴露出来的因施工原因或设备缺陷等发生的处理费用。

2. 生产准备费

生产准备费是指新建企业或新增生产能力的企业,为保证竣工交付使用进行必要的生产准备所发生的费用。费用内容包括:

(1)生产人员培训费。包括自行组织培训或委托其他单位培训的人员工资、工资性补贴、职工福利费、差旅交通费、劳动保护费、学习资料费等。

(2)生产单位提前进厂参加施工、设备安装、调试等以及熟悉工艺流程及设备性能等人员的工资、工资性补贴、职工福利费、差旅交通费、劳动保护费等。

3. 办公和生活家具购置费

办公和生活家具购置费是指为保证新建、改建、扩建项目初期正产生产、使用和管理所必须购置的办公和生活家具、用具的费用。改、扩建项目所需的办公和生产用具购置费,应低于新建项目。

五、预备费用的构成与计算

预备费是指考虑建设期可能发生的风险因素而导致的建设费用增加的这部分内容。按我国现行规定,预备费包括基本预备费和价差预备费。

（一）基本预备费

基本预备费是指项目实施中可能发生的难以预料的支出,又可称为工程建设不可预见费。具体包括以下几个方面:

(1) 在批准的初步设计范围内,技术设计、施工图设计及施工过程中所增加的工程费用。

(2)设计变更、工程变更、材料借用、局部地基处理等增加的费用。

(3) 一般自然灾害造成的损失和预防自然灾害所采取的措施费用。

(4) 竣工验收时为鉴定工程质量对隐蔽工程进行必要的挖掘和修复费用。

$$基本预备费＝(设备及工器具购置费＋建筑安装工程费＋工程建设其他费用)\times$$
$$基本预备费费率$$

基本预备费费率的取值应执行国家及部门的有关规定。

（二）价差预备费

价差预备费是指对建设工期较长的项目由于在建设期内可能发生材料、设备、人工等价格上涨所引起的投资增加,工程建设其他费用调整,利率、汇率调整等需要事先预留分费用,亦称为价格变动不可预见费。费用内容包括:人工、设备、材料、施工机械的价差费,建筑安装工程费及工程建设其他费用调整,利率、汇率调整等增加的费用。

价差预备费的测算方法,一般根据国家规定的投资综合价格指数,按估算年份价格水平的投资额为基数,采用复利方法计算。

任务5　建筑工程造价费用的计算

建筑工程造价是建设工程投资构成的主要组成部分,也是招投标阶段工程价格的主要组成部分。由于各地区的水平不一致,费用计算没有统一的标准,下面根据《江苏省建设工程费用定额》(2014)及住房和城乡建设部办公厅《关于做好建筑业营改增建设工程计价依据调整准备工作的通知》(建办标〔2016〕4号)等相关文件的规定为例,介绍建筑工程造价费用的计算方法。

一、建筑工程造价费用的组成与分类

1. 建筑工程造价费用的组成

根据《江苏省建设工程费用定额》(2014)及住房和城乡建设部办公厅《关于做好建筑业营改增建设工程计价依据调整准备工作的通知》(建办标〔2016〕4号)等相关文件的规定,建筑工程造价按照构成形式可以分为分部分项工程费、措施项目费、其他项目费、规费和税金。

政策文件

2. 建筑工程造价费用的分类

(1) 按限制性规定划分

① 不可竞争费

主要包括安全文明施工措施费(基本费、增加费、扬尘污染防治增加费)、按质论价费、规费(环境保护费、社会保险费、住房公积金)、税金。

② 可竞争费

除了不可竞争费以外的其他费用。

(2) 按照计算方式划分

① 按照计价定额子目计算的内容有分部分项工程费和措施费中的单价措施项目费(比如建筑物超高增加费用、脚手架工程、模板工程、施工排水降水、建筑工程垂直运输、大型机械进出场及安拆等)。

② 按照系数计算的总价措施项目费,如安全文明施工、夜间施工、冬雨季施工费、已完工程及设备保护费、临时设施费、赶工措施费、按质论价费、住宅工程分户验收费等以及其他项目费。

③ 按照有关部门规定标准计算的内容有规费和税金。

二、分部分项工程费

1. 分部分项工程费的计算

$$分部分项工程费＝综合单价×工程量 \tag{1-1}$$

$$综合单价＝人工费＋材料费＋机械费＋管理费＋利润 \tag{1-2}$$

$$人工费＝人工工日消耗量×人工工日单价 \tag{1-3}$$

$$材料费＝材料消耗量×材料单价 \tag{1-4}$$

$$机械费＝机械台班消耗量×机械台班单价 \tag{1-5}$$

$$管理费＝(人工费＋机械费)×管理费费率 \tag{1-6}$$

$$利润＝(人工费＋机械费)×利润率 \tag{1-7}$$

企业管理费和利润的费率按照 2014 费用定额执行,如表 1-1 所示。这里需要注意的是包工不包料、点工的管理费和利润包含在工资单价中。

表1-1 建筑工程企业管理费和利润取费标准表

序号	项目名称	计算基础	企业管理费率(%)			利润率(%)
			一类工程	二类工程	三类工程	
一	建筑工程	人工费＋除税机械费(人工费＋机械费)	32(31)	29(28)	26(25)	12
二	单独预制构件制作		15	13	11	6
三	打预制桩、单独构件吊装		11	9	7	5
四	制作兼打桩		17(15)	15(13)	12(11)	7
五	大型土石方工程		7(6)			4

其中,括号里的内容对应的为简易计税方法,括号外为一般计税方法。表格中出现的一类工程、二类工程和三类工程是依据 2014 费用定额中的规定进行的划分。

2.建筑工程类别划分及说明

工程类别划分是根据不同的单位工程按施工难易程度,结合我省建筑工程项目管理水平确定的。凡工程类别标准中,有两个指标控制的,只要满足其中一个指标即可按该指标确定工程类别。建筑工程类别划分表如表1-2所示。

表1-2 建筑工程类别划分表

工程类型			单位	工程类别划分标准		
				一类	二类	三类
工业建筑	单层	檐口高度	m	≥20	≥16	<16
		跨度	m	≥24	≥18	<18
	多层	檐口高度	m	≥30	≥18	<18
民用建筑	住宅	檐口高度	m	≥62	≥34	<34
		层数	层	≥22	≥12	<12
	公共建筑	檐口高度	m	≥56	≥30	<30
		层数	层	≥18	≥10	<10
构筑物	烟囱	砼结构高度	m	≥100	≥50	<50
		砖结构高度	m	≥50	≥30	<30
	水塔	高度	m	≥40	≥30	<30
	筒仓	高度	m	≥30	≥20	<20
	贮池	容积(单体)	m³	≥2 000	≥1 000	<1 000
	栈桥	高度	m		≥30	<30
		跨度	m	——	≥30	<30
大型机械吊装工程		檐口高度	m	≥20	≥16	<16
		跨度	m	≥24	≥18	<18
大型土石方工程		单位工程挖或填土(石)方容量	m³	≥5 000		
桩基础工程		预制砼(钢板)桩长	m	≥30	≥20	<20
		灌注砼桩长	m	≥50	≥30	<30

使用建筑工程类别划分表格时,需要注意以下问题:

(1)不同层数组成的单位工程,当高层部分的面积(竖向切分)占总面积30%以上时,按高层的指标确定工程类别,不足30%的按低层指标确定工程类别。

(2)建筑物、构筑物高度系指设计室外地面标高至檐口顶标高(不包括女儿墙,高出屋面电梯间、楼梯间、水箱间等的高度),跨度系指轴线之间的宽度。

(3)工业建筑工程:指从事物质生产和直接为生产服务的建筑工程,主要包括生产(加工)车间、实验车间、仓库、独立实验室、化验室、民用锅炉房、变电所和其他生产用建筑工程。

(4)民用建筑工程:指直接用于满足人们的物质和文化生活需要的非生产性建筑,主要包括:商住楼、综合楼、办公楼、教学楼、宾馆、宿舍及其他民用建筑工程。

(5) 构筑物工程:指与工业与民用建筑工程相配套且独立于工业与民用建筑的工程,主要包括烟囱、水塔、仓类、池类、栈桥等。

(6) 桩基础工程:指天然地基上的浅基础不能满足建筑物、构筑物稳定要求而采用的一种深基础。主要包括各种现浇和预制桩。

(7) 强夯法加固地基、基础钢筋混凝土支撑和钢支撑均按建筑工程二类标准执行。深层搅拌桩、粉喷桩、基坑锚喷护壁按制作兼打桩三类标准执行。专业预应力张拉施工如主体为一类工程按一类工程取费;主体为二、三类工程均按二类工程取费。钢板桩按打预制桩标准取费。

(8) 预制构件制作工程类别划分按相应的建筑工程类别划分标准执行。

(9) 与建筑物配套的零星项目,如化粪池、检查井、围墙、道路、下水道、挡土墙等,均按三类标准执行。

(10) 建筑物加层扩建时要与原建筑物一并考虑套用类别标准。

(11) 确定类别时,地下室、半地下室和层高小于2.2米的楼层均不计算层数。空间可利用的坡屋顶或顶楼的跃层,当净高超过2.1米部分的水平面积与标准层建筑面积相比达到50%以上时应计算层数。底层车库(不包括地下或半地下车库)在设计室外地面以上部分不小于2.2米时,应计算层数。

(12) 基槽坑回填砂、灰土、碎石工程量不执行大型土石方工程,按相应的主体建筑工程类别标准执行。

(13) 单独地下室工程按二类标准取费,如地下室建筑面积≥10 000 m² 则按一类标准取费。

(14) 有地下室的建筑物,工程类别不低于二类。

(15) 多栋建筑物下有连通的地下室时,地上建筑物的工程类别同有地下室的建筑物;其地下室部分的工程类别同单独地下室工程。

(16) 桩基工程类别有不同桩长时,按照超过30%根数的设计最大桩长为准。同一单位工程内有不同类型的桩时,应分别计算。

(17) 施工现场完成加工制作的钢结构工程费用标准按照建筑工程执行。

(18) 加工厂完成制作,到施工现场安装的钢结构工程(包括网架屋面),安全文明施工措施费按单独发包的构件吊装标准执行。加工厂为施工企业自有的,钢结构除安全文明施工措施费外,其他费用标准按建筑工程执行。钢结构为企业成品购入的,钢结构以成品预算价格计入材料费,费用标准按照单独发包的构件吊装工程执行。

(19) 在确定工程类别时,对于工程施工难度很大的(如建筑造型、结构复杂,采用新的施工工艺的工程等),以及工程类别标准中未包括的特殊工程,如展览中心、影剧院、体育馆、游泳馆等,由当地工程造价管理机构根据具体情况确定,报上级造价管理机构备案。

三、措施项目费

根据现行规范,措施项目费可以分为单价措施项目费和总价措施项目费。

单价措施项目费:按相应工程量×综合单价确定,综合单价的组成同分部分项综合单价组成。

总价措施项目费:按总价计算,以一定的计算基础×费率计算。常见总价措施项目及其取费标准见表1-3~表1-6。

总价措施项目费用的计算

表 1 - 3　措施项目费取费标准表

项目名称	计算基础		费率(%)
	简易计税	一般计税	
安全文明施工措施费	分部分项工程费＋单价措施项目费－工程设备费	分部分项工程费＋单价措施项目费－除税工程设备费	见表 1 - 4
夜间施工			0～0.1
非夜间施工照明			0.2
冬雨季施工			0.05～0.2
已完工程及设备保护			0～0.05
临时设施			1～2.3
赶工措施			0.5～2.1
按质论价			见表 1 - 10
住宅分户验收			0.4
建筑工人实名制			见表 1 - 11

注:① 在计取非夜间施工照明费时,建筑工程部分仅地下室(地宫)部分可计取。
② 在计取住宅分户验收时,大型土石方工程、桩基工程和地下室部分不计入计费基础。

1. 安全文明施工措施费

安全文明施工措施费为满足施工安全、文明、绿色施工以及环境保护、职工健康生活所需要的各项费用。本项为不可竞争费用。

根据江苏省住房和城乡建设厅公告(2018)第 24 号发布的按质论价、工地扬尘、安全文明施工费计算规定的通知以及《国务院关于印发打赢蓝天保卫战三年行动计划的通知》(国发〔2018〕22 号)要求,安全文明施工费用包括基本费、标化工地增加费、扬尘污染防治增加费三部分费用,安全文明施工费中的省级标化工地增加费按不同星级计列。扬尘污染防治增加费用于采取移动式降尘喷头、喷淋降尘系统、雾炮机、围墙绿植、环境监测智能化系统等环境保护措施所发生的费用,其他扬尘污染防治措施所需费用包含在安全文明施工费的环境保护费中。详见表 1 - 4 安全文明施工措施费取费标准表。

表 1 - 4　安全文明施工措施费取费标准表

序号	工程名称		计费基础		基本费率(%)	省级标化增加费(%)			扬尘污染防治增加费(%)	
			一般计税	简易计税		一星级	二星级	三星级	一般计税	简易计税
一	建筑工程	建筑工程	分部分项工程费＋单价措施项目费－除税工程设备费	分部分项工程费＋单价措施项目费－工程设备费	3.1	0.7	0.77	0.84	0.31	0.3
		单独构件吊装			1.6	—	—	—	0.1	0.1
		打预制桩/制作兼打桩			1.5/1.8	0.3/0.4	0.33/0.44	0.36/0.48	0.11/0.2	0.1/0.2
二	大型土石方工程				1.5	—	—	—	0.42	0.4

注:① 对于开展市级建筑安全文明施工标准化示范工地创建活动的地区,市级标化工地增加费按对应省级费率乘以 0.7 系数执行。市级不区分星级时,按一星级省级标化增加费率乘以 0.7 系数执行。
② 建筑工程中的钢结构工程,钢结构为施工企业成品购入或加工厂完成制作,到施工现场安装的,安全文明施工措施费率标准按单独发包的构件吊装工程执行。
③ 大型土石方工程适用各专业中达到大型土石方标准的单位工程。

2．按质论价

按质论价是施工合同约定质量标准超过国家规定，施工企业完成工程质量达到经有权部门鉴定或评定为优质工程所必须增加的施工成本费。

根据江苏省住房和城乡建设厅公告(2018)第 24 号发布的按质论价计算规定的通知，工程按质论价费用按国优工程、国优专业工程、省优工程、市优工程、市级优质结构工程五个等次计列。

（1）国优工程包括中国建设工程鲁班奖、中国土木工程詹天佑奖、国家优质工程奖。

（2）国优专业工程包括中国建筑工程装饰奖、中国钢结构金奖、中国安装工程优质奖（中国安装之星）等。

（3）省优工程指江苏省优质工程奖"扬子杯"。

（4）市优工程包括由各设区市建设行政主管部门评定的市级优质工程，如"金陵杯"优质工程奖。

（5）市级优质结构工程包括由各设区市建设行政主管部门评定的市级优质结构工程。

工程按质论价费用取费标准见表 1-5～1-6。

表 1-5　工程按质论价费取费标准表(一般计税)

序号	工程类别	计费基础	费率(%)				
			国优工程	国优专业工程	省优工程	市优工程	市级优质结构
一	建筑工程	分部分项工程费＋单价措施项目费—除税工程设备费	1.6	1.4	1.3	0.9	0.7

表 1-6　工程按质论价费取费标准表(简易计税)

序号	工程类别	计费基础	费率标准(%)				
			国优工程	国优专业工程	省优工程	市优工程	市级优质结构
一	建筑工程	分部分项工程费＋单价措施项目费—工程设备费	1.5	1.3	1.2	0.8	0.6

注：① 国优专业工程按质论价费用仅以获得奖项的专业工程作为取费基础。
② 获得多个奖项时，按可计列的最高等次计算工程按质论价费用，不重复计列。

四、其他项目费

暂列金额、暂估价、总承包服务费中均不包括增值税可抵扣进项税额。

1．暂列金额、暂估价按发包人给定的标准计取。

2．计日工：由发承包双方在合同中约定。

3．总承包服务费：应根据招标文件列出的内容和向总承包人提出的要求，参照下列标准计算：

（1）建设单位仅要求对分包的专业工程进行总承包管理和协调时，按分包的专业工程估算造价的1%计算。

（2）建设单位要求对分包的专业工程进行总承包管理和协调，并同时要求提供配合服务时,根据招标文件中列出的配合服务内容和提出的要求,按分包的专业工程估算造价的 2%～3%计算。

五、规费

1. 环境保护税

仍按照工程造价中的规费计列。因各设区市"环境保护税"征收方法和征收标准不同,具体在工程造价中的计列方法,由各设区市建设行政主管部门根据本行政区域内环保和税务部门的规定执行。

规费税金的计算

2. 社会保险费及住房公积金

按表 1-7 标准计取。

表 1-7   社会保险费及公积金取费标准表

工程类别	计算基础		社会保险费率(%)	住房公积金费率(%)
	一般计税方法	简易计税方法		
建筑工程	分部分项工程费＋措施项目费＋其他项目费－除税工程设备费	分部分项工程费＋措施项目费＋其他项目费－工程设备费	3.2	0.53
单独预制构件制作、单独构件吊装、打预制桩、制作兼打桩			1.3	0.24
人工挖孔桩			3	0.53
大型土石方工程			1.3	0.24

注:① 社会保险费包括养老保险费、失业保险费、医疗保险费、工伤保险费、生育保险费。
② 点工和包工不包料的社会保险费和公积金已经包含在人工工资单价中。
③ 大型土石方工程适用各专业中达到大型土石方标准的单位工程。
④ 社会保险费费率和公积金费率将随着社保部门要求和建设工程实际缴纳费率的提高,适时调整。

六、税金

1. 一般计税法

一般计税方法下,建设工程费用组成中的分部分项工程费、措施项目费、其他项目费、规费中均不包含增值税可抵扣进项税额。即组成建设工程造价的要素价格中,除无增值税可抵扣项的人工费、利润、规费外,材料费、施工机具使用费、管理费均按扣除增值税可抵扣进项税额后的价格(简称"除税价格")计入。但是甲供材料和甲供设备费用不属于承包人销售货物或应税劳务而向发包人收取的全部价款和价外费用范围之内。因此,在计算工程造价时,甲供材料和甲供设备费用应在计取甲供材料和甲供设备的现场保管费后,在税前扣除。

建筑工程造价＝税前工程造价×税率,其中税前工程造价中不包含增值税可抵扣进项税额。根据江苏省住房和城乡建设厅苏建函价〔2019〕178 号关于调整建设工程计价增值税税率的通知,目前税率为 9%。

2. 简易计税法

采用简易计税方式的建设工程费用组成中,分部分项工程费、措施项目费、其他项目费的组成,甲供材料和甲供设备费用应在计取现场保管费后,在税前扣除。

苏建函价
〔2019〕178 号

简易计税法下,税金包含增值税应纳税额、城市建设维护税、教育费附加及地方教育附加。

（1）增值税应纳税额＝包含增值税可抵扣进项税额的税前工程造价×适用税率,税率:3%;

（2）城市建设维护税＝增值税应纳税额×适用税率,税率:市区 7%、县镇 5%、乡村 1%;

（3）教育费附加＝增值税应纳税额×适用税率,税率:3%;

（4）地方教育附加＝增值税应纳税额×适用税率,税率 2%。

以上四项合计,以包含增值税可抵扣进项额的税前工程造价为计费基础,税金费率为:市区 3.36%、县镇 3.30%、乡村 3.18%。如各市另有规定的,按各市规定计取。

七、建筑工程计价程序

1.一般计税方法

表 1-8　一般计税法建筑工程造价计算程序(包工包料)

序号	费用名称		计算公式
一	分部分项工程费		清单工程量×除税综合单价
	其中	1.人工费	人工消耗量×人工单价
		2.材料费	材料消耗量×除税材料单价
		3.施工机具使用费	机械消耗量×除税机械单价
		4.管理费	(1＋3)×费率或(1)×费率
		5.利润	(1＋3)×费率或(1)×费率
二	措施项目费		
	其中	单价措施项目费	清单工程量×除税综合单价
		总价措施项目费	(分部分项工程费＋单价措施项目费－除税工程设备费)×费率或以项计费
三	其他项目费		
四	规费		
	其中	1.环境保护费	
		2.社会保险费	(一＋二＋三－除税工程设备费)×费率
		3.住房公积金	
五	税金		[一＋二＋三＋四－(除税甲供材料费＋除税甲供设备费)/1.01]×费率
六	工程造价		一＋二＋三＋四－(除税甲供材料费＋除税甲供设备费)/1.01＋五

2.简易计税方法

包工不包料工程(清包工工程),可按简易计税法计税,原计费程序不变。

表 1-9　简易计税法建筑工程造价计算程序(包工包料)

序号	费用名称		计算公式
一	分部分项工程费		清单工程量×综合单价
	其中	1. 人工费	人工消耗量×人工单价
		2. 材料费	材料消耗量×材料单价
		3. 施工机具使用费	机械消耗量×机械单价
		4. 管理费	(1+3)×费率或(1)×费率
		5. 利润	(1+3)×费率或(1)×费率
二	措施项目费		
	其中	单价措施项目费	清单工程量×综合单价
		总价措施项目费	(分部分项工程费+单价措施项目费-工程设备费)×费率或以项计费
三	其他项目费		
四	规费		
	其中	1. 工环境保护费	
		2. 社会保险费	(一+二+三-工程设备费)×费率
		3. 住房公积金	
五	税金		[一+二+三+四-(甲供材料费+甲供设备费)/1.01]×费率
六	工程造价		一+二+三+四-(甲供材料费+甲供设备费)/1.01+五

任务 6　工程造价管理

一、造价工程师职业资格制度

(一)造价工程师执业资格制度的建立

注册造价工程师是指通过全国造价工程师执业资格统一考试或者资格认定、资格互认,并依法注册,取得中华人民共和国造价工程师注册执业证书和执业印章,从事工程造价活动的专业人员。

1996 年 8 月,国家人事部、建设部联合发布了《造价工程师执业资格制度暂行规定》,明确国家在工程造价领域实施造价工程师执业资格制度。

1997 年 3 月建设部和人事部联合发布了《造价工程师执业资格认定办法》。

为了加强对造价工程师的注册管理,规范造价工程师的执业行为,2000 年 3 月建设部颁布了第 75 号部长令《造价工程师注册管理办法》,2002 年 7 月建设部制定了《〈造价工程师注册管理办法〉的实施意见》,2002 年 6 月中国工程造价管理协会制订了《造价工程师继续教育实施办法》和《造价工程师职业道德行为准则》,造价工程师执业资格制度逐步完善起来。

（二）注册造价工程师职业资格的取得

一级造价工程师职业资格考试全国统一大纲、统一命题、统一组织,原则上每年均举行一次全国造价工程师执业资格考试。自 2018 年起设立二级造价工程师。二级造价工程师职业资格考试全国统一大纲,各省、自治区、直辖市自主命题并组织实施。

（三）造价工程师注册执业管理制度

造价工程师实行的是"双证制",即先通过考试获得《造价工程师执业资格证书》,然后通过执业注册许可后获得《造价工程师注册证书》。只有获得《造价工程师注册证书》,才能以注册造价工程师名义执业。

（四）造价工程师的权利与义务

1.注册造价工程师的权利

（1）使用注册造价工程师名称;

（2）依法独立执行工程造价业务;

（3）在本人执业活动中形成的工程造价成果文件上签字并加盖执业印章;

（4）发起设立工程造价咨询企业;

（5）保管和使用本人的注册证书和执业印章;

（6）参加继续教育。

2.注册造价工程师应当履行的义务

（1）遵守法律、法规、有关管理规定,恪守职业道德;

（2）保证执业活动成果的质量;

（3）接受继续教育,提高执业水平;

（4）执行工程造价计价标准和计价方法;

（5）与当事人有利害关系的,应当主动回避;

（6）保守在执业中知悉的国家秘密和他人的商业、技术秘密。

（五）注册造价工程师执业范围

1.一级造价工程师执业范围

（1）项目建议书、可行性研究投资估算与审核,项目评价造价分析;

（2）建设工程设计概算、施工(图)预算的编制与审核;

（3）建设工程招标投标文件工程量和造价的编制与审核;

（4）建设工程合同价款、结算价款、竣工决算价款的编制与管理;

（5）建设工程审计、仲裁、诉讼、保险中的造价鉴定,工程造价纠纷调解;

（6）建设工程计价依据、造价指标的编制与管理;

（7）与工程造价管理有关的其他事项。

2.二级造价工程师职业范围

二级造价工程师主要协助一级造价工程师开展相关工作,可独立开展以下具体工作:

（1）建设工程工料分析、计划、组织与成本管理,施工图预算、设计概算的编制;

（2）建设工程量清单、最高投标限价、投标报价的编制;

（3）建设工程合同价款、结算价款和竣工决算价款的编制。

造价工程师应在本人工程造价咨询成果文件上签章,并承担相应责任。工程造价咨询成果文件应由一级造价工程师审核并加盖执业印章。

二、工程造价咨询企业管理

（一）工程造价咨询企业

工程造价咨询企业是指接收委托，对建设工程造价的确定与控制提供专业咨询服务的企业。工程造价咨询企业可以为政府部门、建设单位、施工单位、设计单位提供相关专业技术服务，这种以造价咨询业务为核心的服务有时是单项或分阶段的，有时覆盖工程建设全过程。

工程造价咨询企业从事工程造价咨询活动，应当遵循独立、客观、公正、诚实信用的原则，不得损害社会公共利益和他人的合法权益。同时，任何单位和个人不得非法干预依法进行的工程造价咨询活动。

工程造价咨询企业资质等级分为甲级和乙级。

1. 甲级工程造价咨询企业资质标准如下：

（1）已取得乙级工程造价咨询企业资质证书满 3 年；

（2）企业出资人中，注册造价工程师人数不低于出资人总人数的 60%，且其出资额不低于企业注册资本总额的 60%；

（3）技术负责人已取得造价工程师注册证书，并具有工程或工程经济类高级专业技术职称，且从事工程造价专业工作 15 年以上；

（4）专职从事工程造价专业工作的人员（以下简称专职专业人员）不少于 20 人，其中，具有工程或者工程经济类中级以上专业技术职称的人员不少于 16 人；取得造价工程师注册证书的人员不少于 10 人，其他人员具有从事工程造价专业工作的经历；

（5）企业与专职专业人员签订劳动合同，且专职专业人员符合国家规定的职业年龄（出资人除外）；

（6）专职专业人员人事档案关系由国家认可的人事代理机构代为管理；

（7）企业注册资本不少于人民币 100 万元；

（8）企业近 3 年工程造价咨询营业收入累计不低于人民币 500 万元；

（9）具有固定的办公场所，人均办公建筑面积不少于 10 平方米；

（10）技术档案管理制度、质量控制制度、财务管理制度齐全；

（11）企业为本单位专职专业人员办理的社会基本养老保险手续齐全；

（12）在申请核定资质等级之日前 3 年内无《工程造价咨询企业管理办法》禁止的行为。

2. 乙级工程造价咨询企业资质标准如下：

（1）企业出资人中，注册造价工程师人数不低于出资人总人数的 60%，且其出资额不低于注册资本总额的 60%；

（2）技术负责人已取得造价工程师注册证书，并具有工程或工程经济类高级专业技术职称，且从事工程造价专业工作 10 年以上；

（3）专职专业人员不少于 12 人，其中，具有工程或者工程经济类中级以上专业技术职称的人员不少于 8 人；取得造价工程师注册证书的人员不少于 6 人，其他人员具有造价员资格证；

（4）企业与专职专业人员签订劳动合同，且专职专业人员符合国家规定的职业年龄（出资人除外）；

(5) 专职专业人员人事档案关系由国家认可的人事代理机构代为管理；

(6) 企业注册资本不少于人民币 50 万元；

(7) 具有固定的办公场所，人均办公建筑面积不少于 10 平方米；

(8) 技术档案管理制度、质量控制制度、财务管理制度齐全；

(9) 企业为本单位专职专业人员办理的社会基本养老保险手续齐全；

(10) 暂定期内工程造价咨询营业收入累计不低于人民币 50 万元；

(11) 申请核定资质等级之日前无《工程造价咨询企业管理办法》第二十七条禁止的行为。

新申请工程造价咨询企业资质的，其资质等级核定为乙级，设暂定期一年。

（二）工程造价咨询业务范围

工程造价咨询企业应当依法取得工程造价咨询企业资质，并在其资质等级许可的范围内从事工程造价咨询活动。工程造价咨询企业依法从事工程造价咨询活动，不受行政区域限制。其中，甲级工程造价咨询企业可以从事各类建设项目的工程造价咨询业务；乙级工程造价咨询企业可以从事 5 000 万元人民币以下的各类建设项目的工程造价咨询业务。

工程造价咨询业务范围包括：

(1) 建设项目建议书及可行性研究投资估算、项目经济评价报告的编制和审核；

(2) 建设项目概预算的编制与审核，并配合设计方案比选、优化设计、限额设计等工作进行工程造价分析与控制；

(3) 建设项目合同价款的确定（包括招标工程工程量清单和标底、投标报价的编制和审核）；合同价款的签订与调整（包括工程变更、工程洽谈和索赔费用的计算）与工程款支付，工程结算及竣工结（决）算报告的编制与审核等；

(4) 工程造价经济纠纷的鉴定和仲裁的咨询；

(5) 提供工程造价信息服务等。

工程造价咨询企业可以对建设项目的组织实施进行全过程或者若干阶段的管理和服务。

（三）工程造价咨询企业不得有下列行为：

(1) 涂改、倒卖、出租、出借资质证书，或者以其他形式非法转让资质证书；

(2) 超越资质等级业务范围承接工程造价咨询业务；

(3) 同时接受招标人和投标人或者两个以上投标人对同一工程项目的工程造价咨询业务；

(4) 以给予回扣、恶意压低收费等方式进行不正当竞争；

(5) 转包承接的工程造价咨询业务；

(6) 法律、法规禁止的其他行为。

三、造价工程师的职业道德

（一）造价工程师素质要求

造价工程师的职业素质关系到国家和社会公众利益，对其专业和身体素质的要求包括以下几个方面：

（1）造价工程师是复合型专业管理人才。作为工程造价管理者，造价工程师应是具备工程、经济和管理知识与实践经验的高素质复合型专业人才。

（2）造价工程师应具备技术技能。技术技能是指应用知识、方法、技术及设备来达到特定任务的能力。

（3）造价工程师应具备人文技能。人文技能是指与人共事的能力和判断力。造价工程师应具有高度的责任心和协作精神，善于与业务工作有关的各方人员沟通、协作，共同完成工程造价管理工作。

（4）造价工程师应具备组织管理能力。造价工程师应能了解整个组织及自己在组织中的地位，并具有一定的组织管理能力，面对机遇和挑战，能够积极进取、勇于开拓。

（5）造价工程师应具有健康体魄。健康的心理和较好的身体素质是造价工程师适应紧张、繁忙工作的基础。

（二）造价工程师职业道德

造价工程师的职业道德又称职业操守，通常是指在职业活动中所遵守的行为规范的总称，是专业人士必须遵从的道德标准和行业规范。

为提高造价工程师整体素质和职业道德水准，维护和提高造价咨询行业的良好信誉，促进行业健康持续发展，中国建设工程造价管理协会制定和颁布了《造价工程师职业道德行为准则》，具体要求如下：

（1）遵守国家法律、法规规章，执行行业自律性规定，珍惜职业声誉，自觉维护国家和社会公共利益。

（2）遵守"诚信、公正、精业、进取"的原则，以高质量的服务和优秀的业绩，赢得社会和客户对造价工程师职业的尊重。

（3）勤奋工作，独立、客观、公正、正确地出具工程造价成果文件，使客户满意。

（4）诚实守信，尽职尽责，不得有欺诈、伪造、作假等行为。

（5）尊重同行，公平竞争，搞好同行之间的关系，不得采取不正当的手段损害、侵犯同行的权益。

（6）廉洁自律，不得索取、收受委托合同约定以外的礼金和其他财物，不得利用职务之便谋取其他不正当的利益。

（7）造价工程师与委托方有利害关系的应当主动回避；同时，委托方也有权要求其回避。

（8）对客户的技术和商务秘密负有保密义务。

（9）接受国家和行业自律组织对其职业道德行为的监督检查。

单元习题

1. 简述建设工程项目的构成。
2. 简述工程造价的两个含义。
3. 简述建设工程造价费用构成。
4. 简述建设工程造价中设备及工器具购置费用的组成。

5. 简述建设工程造价中建筑安装工程费的组成。

6. 简述建设工程造价中工程建设其他费的组成。

7. 简述建设工程造价中预备费的类型。

8. 简述建筑工程计价方法及依据。

9. 试述造价工程师的执业范围。

单元 2 建筑工程定额概述

 本单元知识点

1. 了解定额的含义、产生与发展；
2. 理解定额水平、劳动生产率的含义及其之间的关系；
3. 了解建筑工程定额的概念、性质及其分类方法。

任务 1 定额的产生与发展

一、定额的含义

（一）定额的一般概念

"定"就是规定，"额"就是数额，定额就是规定一定的额度或数额，即规定在生产中各种社会必要劳动消耗量（活劳动和物化劳动）的标准尺度。是人们在生产经营活动中，根据一定时期的生产水平和产品的质量要求规定完成一定数量的合格产品所消耗的人力、物力和财力的数量标准。生产任何一种合格产品，都要消耗一定数量的人工、材料、机械台班，其消耗的数量由于受生产条件、作业对象等因素的影响而各不相同，一般来说，在生产同一产品时，所消耗的劳动量越大，则产品的成本越高，企业盈利就会降低，对社会贡献就会降低，反之，所消耗的劳动量越小，产品的成本越低，企业盈利就会增加，对社会贡献就会增加。但这时消耗的劳动量不可能无限地降低或增加，它在一定的生产因素和生产条件下，在相同的质量与安全要求下，必有一个合理的数额，"定额"就是规定的这个合理的消耗标准。

作为衡量标准，这种数额标准还受到不同社会制度的制约。由于不同的产品有不同的质量要求和安全规范要求，因此定额不单纯是一种数量标准，而是数量、质量和安全要求的统一体。定额存在于生产、流通、分配的各个领域，也存在于技术和管理领域。人们利用它对复杂多样的事物进行评价和管理，同时利用它提高生产效率增加产量，利用它调控经济、决定分配，维护社会公平。

（二）定额的定义

定额就是在一定的社会制度、生产技术和组织条件下规定完成单位合格产品所需人工、材料、机械台班的消耗标准。它反映着一定时期的生产力水平。

在数值上，定额表现为生产成果与生产消耗之间一系列对应的比值常数，用公式表示：

$$T_z = \frac{Z_{1,2,3,\cdots,n}}{H_{0\,1,2,3,\cdots,m}}$$

式中：T_z——产量定额；

H_0——单位劳动消耗量（例如，每一工日、每一机械台班等）；

Z——与单位劳动消耗相对应的产量。

或

$$T_h = \frac{H_{1,2,3,\cdots,n}}{Z_{0,1,2,3,\cdots,m}}$$

式中：T_h——时间定额；

Z_0——单位产品数量（例如，每 1 m³ 混凝土、每 1 m² 抹灰、每 1 t 钢筋等）；

H——与单位产品相对应的劳动消耗量。

产量定额与时间定额是定额的两种表现形式，在数值上互为倒数，即

$$T_z = \frac{1}{T_h} \quad 或 \quad T_h = \frac{1}{T_z}$$

即

$$T_z \times T_h = 1$$

上式表明生产单位产品所需的消耗越少，则单位消耗获得的生产成果越大；反之亦然。它反映了经济效果的提高或降低。

二、定额的产生与发展

定额的产生和发展与管理科学的产生与发展有着密切关系。

从历史发展来说，在小商品生产条件下，由于生产规模较小、技术水平较低，生产的产品也比较单纯，生产一件产品所需投入的劳动时间和材料、机械台班方面的数量，往往只要凭生产者生产经验就可估计出来了。这种经验他（她）们经常通过先辈或从师学艺或从书本记载中得到，而且可以世世代代传授下去。

18 世纪末 19 世纪初，美国资本主义已处于上升时期，工业发展得很快，机器设备虽然很先进，但由于采用传统的旧管理方法，工人劳动强度大，生产效率低，生产能力得不到充分发挥，这不仅严重阻碍了社会经济的进一步发展和繁荣，而且不利于资本家赚取更多的利润。在这种背景下，著名的美国工程师泰勒(F.W. Taylor 1856—1915)开始了企业管理的研究，他进行了多种试验，努力地把当时科学技术的最新成果应用于企业管理，他的目标就是提高劳动生产率、提高工人的劳动效率。他通过科学试验，对工作时间、操作方法、工作时间的组成部分等进行细致的研究，制定出最节约工作时间的标准操作方法。同时，在此基础上，要求工人取消那些不必要的操作程序，制定出水平较高的工时定额，用工时定额来评价工人工作的好坏。如果工人能完成或超额完成工时定额，就能得到远高于基础工资的工资报酬；如果工人达不到工时定额的标准，就只能拿到较低的工资报酬。这样工人势必要努力按标准程序去工作，争取达到或超过标准规定的时间，从而取得更多的工资报酬。在制定出较先进的工时定额的同时，泰勒还对工具设备、材料和作业环境进行了研究，努力使其达到标准化，并提出一整套科学管理的方法，这就是著名的"泰勒制"，因而，泰勒在西方赢得"管理之父"的尊称。

泰勒制的核心可归纳为两个方面，即：第一，实行标准的操作方法，制定出科学的工时定额；第二，完善严格的管理制度，实行有差别的计件工资。泰勒制的产生和推行，在提高生产率方面取得了显著的效果，给资本主义企业管理带来了根本性的变革，同时也为当时资本主义企业带来了巨额利润。

继泰勒制以后，资本主义企业管理又有了新的发展，一方面，管理科学在操作方法、作业水平的科学组织的研究上有了新的扩展；另一方面，也利用现有自然科学和材料科学的新成果作为科学技术手段进行科学管理。20 世纪 20 年代出现了行为科学，从社会学和心理学的角度，对工人在生产中的行为以及这些行为产生的原因进行研究，强调重视社会环境、人际关系对人的行为影响，着重研究人的本性和需要、行为和动机。行为科学采用诱导的方法，鼓励工人发挥主观能动性和创造性，来达到提高生产效率的目的。它较好地弥补了泰勒等人开创的科学管理的某些不足，更进一步丰富和完善了科学管理。20 世纪 70 年代出现的系统管理理论，把管理科学与行为科学有机结合起来，从事物整体出发，系统地对劳动者、材料、机器设备、环境、人际关系等对工时产生影响的重要因素进行定性和定量相结合的分析与研究，从而选定适合本企业实际的最优方案，以此产生最佳效果，取得最好的经济效益。所以定额伴随管理科学的产生而产生，伴随管理科学的发展而发展。定额是企业管理科学化的产物，也是科学管理企业的基础和必要条件。

在我国古代工程建设中，亦是很重视工料消耗计算的，并形成了许多则例。如果说长时期人们生产中积累的丰富经验是定额产生的土壤，这些则例则可看作是工料定额的原始形态。早在北宋时期，土木建筑家李诫编修的《营造法式》（公元 1100 年），就可看作是古代的工料定额。它既是土木建筑工程技术的巨著，也是工料计算方面的巨著。清朝工部《工程做法则例》中，也有许多内容是说明工料计算方法的，可以说它是主要的一部算工算料的著作。直到今天，《仿古建筑及园林工程预算定额》仍将这些则例等技术文献作为编制依据之一。

新中国成立以来，我国工程建设定额经历了开始建立和日趋完善的发展过程。最初是吸收劳动定额工作经验结合我国建筑工程施工实际情况，编制了适合我国国情并切实可行的定额。1951 年制定了东北地区统一劳动定额，1955 年劳动部和建筑工程部联合编制了全国统一的劳动定额，1956 年在此基础上颁发了全国统一施工定额。这以后，我国工程建设定额经历了一个由分散到集中，由集中到分散，又由分散到集中的统一领导与分级管理相结合的发展过程。

十一届三中全会以后，我国工程建设定额管理得到了更进一步的发展。1981 年国家建委颁发了《建筑工程预算定额》（修改稿），1986 年国家计委颁发了《全国统一安装工程预算定额》，1988 年建设部颁发了《仿古建筑及园林工程预算定额》，1992 年建设部颁发了《建筑装饰工程预算定额》，1995 年建设部颁发了《全国统一建筑工程基础定额》（土建部分），之后，又逐步颁发了《全国统一市政工程预算定额》和《全国统一安装工程预算定额》以及《全国统一建筑装饰装修工程消耗量定额》（GYD - 901—2002）。各省、市、自治区也在此基础上编制了新的地区建筑工程预算定额。为更好地与国际接轨，建设部在 2003 年颁发了国家标准《建设工程工程量清单计价规范》（GB 50500—2003）（现已更新至 2013 版），使我国的工程建设定额体系更加完善。

三、定额在现代经济生活中的地位

广义上，定额是一个规定的额度，是人们根据需要，对某一事物规定的数量标准。例如，分配领域的工资标准,生产和流通领域的原材料、半成品、成品的消耗定额,技术方面的设计标准和规范,政治生活中的候选人名额、代表名额等等。

在现实经济生活和社会生活中,定额确实无处不在,因为人们需要利用它对社会经济生活复杂多样的事物进行计划、调节、组织、预测、控制、咨询等一系列管理活动。定额是科学管理的基础,也是现代管理科学中的重要内容和基本环节。正确认识定额在现代管理中的地位有利于我们吸收和借鉴各种先进管理方法,不断提高我们的科学管理水平,解决现代化建设中的各种复杂问题。

（一）为生产服务

它是节约社会劳动、提高劳动生产率的重要手段。定额水平直接反映劳动生产率水平,反映劳动和物质消耗水平。劳动生产率的提高实质上就是缩短生产单位产品所需劳动时间,即用较少的劳动消耗生产更多的合格产品。定额为参加产品生产的各方明确应达到的工作目标与评价尺度,有利于调动劳动者的积极性。同时,它也是实行生产管理和经济核算的基础。

（二）为分配服务

定额是实现分配、兼顾效率与社会公平方面的基础,没有定额作为评价标准,就不可能进行合理的分配。

（三）为宏观调控服务

我国社会主义经济是建立在公有制基础上的,它既要充分发展市场经济又要有计划的指导和调节。这就需要利用一系列定额,以便为预测、计划、调节和控制经济发展提出有技术依据的分析,提供可靠计量的标准。

（四）为产品组价服务

价值是价格的基础,而价值量取决于必须消耗的社会劳动量,定额是劳动消耗的标准,没有定额就不可能制定合理的价格。

（五）为评价经济效果服务

定额是分析评价经济效果的杠杆,没有定额,就会缺少同一标准下衡量经济效果的尺度,就不可能得到科学客观的经济效果评价。

从性质上讲,定额是社会生产管理的产物,具有技术和社会双重属性。在技术方面,定额反映为生产成果和生产消耗的客观规律和科学的管理方法。在社会方面,定额是一定生产关系的体现和反映,并具有法规性。

目前,管理科学已发展到相当的高度,但在经济管理领域仍然离不开定额,因为现代化管理不能没有科学的定量数据作为基础。当然,定额的管理体制和表现形式也须随时代的发展做出相应的变革。目前,我国建筑业为适应社会主义市场经济改革的需要,定额的强制性成分逐步弱化,而指导性将逐渐加强。

任务2　定额与劳动生产率

一、定额水平

定额水平是指完成单位合格产品所需的人工、材料、机械台班消耗标准的高低程度,是在一定施工组织条件和生产技术下规定的施工生产中活劳动和物化劳动的消耗水平。

我们知道,产品的价值量取决于消耗于产品中的必要劳动消耗量,定额作为单位产品经济的基础,必须反映价值规律的客观要求,它的水平根据社会必要劳动时间来确定。所谓社会必要劳动时间是指在现有的社会正常生产条件下,在社会的平均劳动熟练程度和劳动强度下,完成单位产品所需的劳动量。社会正常生产条件是指大多数施工企业所能达到的生产条件。

定额水平与消耗量成反比的关系,消耗量越少,定额水平越高;反之,消耗量越多,定额水平越低。定额水平的高低,反映了一定时期社会生产力水平的高低,与操作人员的技术水平、机械化程度、新材料、新工艺、新技术的发展与应用有关,与企业的管理水平和社会成员的劳动积极性有关。一般来说,生产力发展水平高,则生产效率高,生产过程中的消耗就少,定额所规定的资源消耗量应相应地降低,称为定额水平高;反之,生产力发展水平低,则生产效率低,生产过程中的消耗就多,定额所规定的资源消耗量应相应地提高,称为定额水平低。目前定额水平可分为社会平均水平和平均先进水平两类:

(1) 社会平均水平,是指生产单位产品所需要的社会必要劳动时间消耗量。

(2) 平均先进水平,是指在正常的施工条件下,大多数施工队、班组和大多数生产者经过努力能够达到和超过的水平,它低于先进水平,而略高于平均水平。这种水平使先进者感到一定的压力,努力更上一层楼;使大多数处于中间水平的工人感到定额水平可望可及,增加达到和超过定额水平的信心;对于后进工人不迁就,使他们感到必须花大力气提高技术操作水平,尽快达到定额的水平。所以,平均先进水平是一种可以鼓励先进、勉励中间、鞭策后进的定额水平,是施工单位内部使用的施工定额的理想水平。但是,作为确定工程造价的依据的预算定额则应当取社会平均水平。

二、劳动生产率

劳动生产率是指劳动者在一定时期内创造的劳动成果与其相适应的劳动消耗量的比值。

劳动生产率水平可以用同一劳动在单位时间内生产某种产品的数量来表示,单位时间内生产的产品数量越多,劳动生产率就越高,反之,则越低;也可以用生产单位产品所耗费的劳动时间来表示:即社会必要劳动时间越少,劳动生产率就越高,反之,则越低。

劳动生产率的状况是由社会生产力的发展水平决定的。具体说,劳动生产率的高低主要取决于生产中的各种经济和技术因素:

(1) 劳动者平均熟练程度。劳动者的平均熟练程度越高,劳动生产率就越高。劳动者平均熟练程度不仅指劳动者实际操作技术,而且也包括劳动者接受新生产技术手段,适应新工艺流程的能力。

(2) 科学技术的发展程度。科学技术越发展,其成果运用于生产越普遍,就越能促进劳动生产率的提高。

(3) 生产过程的组织和管理。劳动组织和生产管理等的好坏,对劳动生产率的高低有重大作用,主要包括生产过程中劳动者的分工、协作和劳动组合,以及与此相适应的工艺规程和经济管理方式。

(4) 生产资料的规模与效能,对劳动生产率有决定性作用。主要指劳动工具有效使用程度,对原材料和动力燃料等利用程度。

（5）自然条件。包括对自然资源和自然力的利用程度,都会直接影响劳动生产率,主要包括与社会生产有关的地质状态、资源分布、矿产品位、气候条件和土壤肥沃程度等。

（6）生产过程的社会结合。

劳动生产率的高低是上述诸因素综合作用的结果。

三、定额水平与劳动生产率的关系

（一）定额是节约社会劳动、提高劳动生产率的重要手段

定额水平应直接反映劳动生产率水平,反映劳动和物质消耗水平。定额水平与劳动生产率水平变动方向一致,与劳动和物质消耗水平变动方向相反。劳动生产率的提高实质上就是缩短生产单位产品所需劳动时间,即用较少的劳动消耗生产更多的合格产品。定额为参加产品生产的各方明确应达到的工作目标与评价尺度,有利于调动劳动者的积极性。同时,它也是实行生产管理和经济核算的基础。

（二）定额对提高劳动生产率起保证作用

我国处于社会主义初级阶段,初级阶段的根本任务是发展社会生产力,而发展社会生产力的任务就是要提高劳动生产率。定额通过对工时消耗的研究、机械设备的选择、劳动组织的优化、材料合理节约使用等方面的分析和研究,使各生产要素得到最合理的配合,最大限度地节约劳动力和减少材料的消耗,不断地挖掘潜力,从而提高劳动生产率和降低成本。通过定额的使用,把提高劳动生产率的任务落实到各项工作和每个劳动者,使每个劳动者都能明确各自目标、加快工作进度、更合理有效地利用和节约社会劳动。

现实中,定额水平和劳动生产率水平有不一致的方面。随着技术的发展和定额对社会劳动生产率的不断促进,定额水平往往落后于社会劳动生产率水平。当定额水平已经不能促进施工生产和管理,甚至影响进一步提高劳动生产率时,就应当修订已经陈旧的定额,以达到新的平衡。

任务3 建筑工程定额的概念、分类与性质

一、建筑工程定额

（一）建筑工程定额的概念

工程建设领域的定额,通常有几种不同的叫法。有的就叫工程建设定额,也有的叫建设工程定额或建筑工程定额。在本书中统一称之为建筑工程定额。

工程建设是物质资料的生产活动,物质资料的生产过程,必然也是生产的消费过程。在工程项目的建设过程中,需要消耗大量的人力、物力和资金。建筑工程定额作为众多定额中的一类,就是对这些消耗量的数量规定,即在正常的施工条件下和合理的劳动组织、合理使用材料及机械的条件下,完成单位合格建设产品所必需的人工、材料、机械台班的数量标准。它反映了在一定的社会生产力水平条件下的建设产品生产与生产消费的数量关系,是一个综合概念,是多种类、多层次单位产品生产消耗数量标准的综合。

在建筑工程定额中,产品是一个广义的概念,它可以指工程建设的最终产品——建设项目(例如,一所学校、一座医院、一座工厂、一个住宅小区等),也可以是独立发挥功能和作用的某些完整产品——工程项目(例如,一所学校的教学大楼、学生宿舍、食堂等),也可以是完整产品中能单独组织施工的部分——单位工程(例如,教学大楼的土建工程、卫生技术工程、电气照明工程),还可以是单位工程中的基本组成部分——分部工程或分项工程(例如,土建工程中土石方工程、打桩工程、基础与垫层工程、砌筑工程、混凝土与钢筋混凝土工程、屋面工程等分部工程,混凝土与钢筋混凝土工程分部工程中柱、梁、板、墙、阳台、楼梯等分项工程)。工程建设定额中产品概念的范围之所以广泛,是因为工程建设产品具有构造复杂、产品形体庞大、种类繁多、生产周期长等技术特点。

（二）建筑工程定额的制定

建筑工程定额是根据国家一定时期的管理体制和管理制度以及不同定额的用途和适用范围,由指定的机构按照一定的程序制定,并按照规定的程序审批和颁发执行的定额。建筑工程定额是主观的产物,但是它应正确地反映工程建设和各种资源消耗之间的客观规律。

二、建筑工程定额的分类

建筑产品所具有的构造复杂、产品规模宏大、种类繁多、生产周期长等技术经济特点,造成了建筑产品外延的不确定性。建筑产品可以指工程建设的最终产品,也可以是构成工程项目的某些完整的产品,也可以是完整产品中的某些较大组成部分,还可以是较大组成部分中的较小部分,或更为细小的部分。这些特点决定了建筑工程定额的多种类、多层次。建筑工程定额是一个综合性的概念,它是工程建设中各类定额的总称,可以按照不同的原则和方法对它进行科学的分类。

（一）按照定额构成的生产要素分类

生产要素包括劳动者、劳动手段和劳动对象,反映其消耗的定额就分为人工消耗定额、材料消耗定额和机械台班消耗定额三种,如图 2-1 所示。

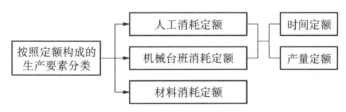

图 2-1　按照定额构成的生产要素分类

1. 人工消耗定额

简称人工定额(也称为劳动消耗定额、劳动定额)。在施工定额、预算定额、概算定额等各类定额中,人工消耗定额都是其中重要的组成部分。人工消耗定额是指在正常的施工技术和合理的劳动组织条件下,工人以社会平均熟练程度和劳动强度在单位时间内生产合格产品的数量。

人工定额的主要表现形式是时间定额,但同时也表现为产量定额,时间定额与产量定额互为倒数。为了便于综合和核算,人工定额大多采用工作时间消耗量来计算劳动消耗的数量,所以人工定额主要的表现形式是时间定额。但为了便于组织施工和任务分配,也同时采用产量定额的形式来表示人工定额。时间定额一般以工日为计量单位,即工日/m³、工日/m²、工日/t 等。每个工日工作时间,法定为 8 h。产量定额在数值上与时间定额互为倒数关系,产量定额计量单位为 m³/工日、m²/工日、t/工日等。

2. 材料消耗定额

简称材料定额。材料消耗定额是指在正常的施工技术和组织条件下,完成一定合格产品所需消耗原材料、半成品、成品、构配件、燃料以及水电等的数量标准。材料作为劳动对象是构成工程的实体物资,需用数量较大,种类较多,所以材料消耗量的多少,消耗是否合理,不仅关系到资源的有效利用,影响市场供求状况,而且对建设工程的项目投资、建筑产品的成本控制都产生决定性的影响。

材料消耗定额在很大程度上可以影响材料的合理调配和使用。在产品生产数量和材料质量一定的情况下,材料的供应计划和需求都会受到材料定额的影响。重视和加强材料定额管理,制定合理的材料消耗定额,是组织材料的正常供应,保证生产顺利进行,以及合理利用资源、减少积压、浪费的必要前提。

3. 机械台班消耗定额

简称机械定额,是指在正常的施工技术和组织条件下,为完成一定合格产品(工程实体或劳务)所规定的施工机械消耗的数量标准。机械台班消耗定额的表现形式有机械时间定额和机械产量定额。它和人工消耗定额一样,在施工定额、预算定额、概算定额等多种定额中,都是其中的组成部分。

(二)按照定额的编制程序和用途分类

根据定额的编制程序和用途,建筑工程定额可分为工序定额、施工定额、预算定额、概算定额、概算指标、投资估算指标和工期定额七种,如图 2-2 所示。

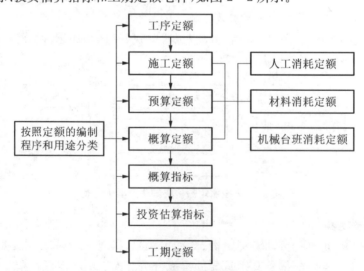

图 2-2　按照定额的编制程序和用途分类

1. 工序定额

工序定额是以最基本的施工过程为标定对象,表示其生产产品数量与时间消耗关系的定额。由于工序定额比较细碎,所以一般不直接用于施工中,主要在标定施工定额时作为原始资料。

2. 施工定额

它是以同一性质的施工过程（工序）为编制对象,规定某种建筑产品的人工、材料和机械台班消耗的数量标准。施工定额是施工企业组织生产和加强管理的企业内部使用的一种定额,属于企业生产定额性质。它由人工定额、材料定额和机械定额三个相对独立的部分组成,为了适应组织生产和管理的需要,施工定额的项目划分很细,是建筑工程定额中分项最细、定额子目最多的一种定额,也是建筑工程定额中的基础性定额,是编制预算定额的基础。

3. 预算定额

预算定额是在编制施工图预算时,计算工程造价和工程中人工、材料和机械台班需要量所使用的定额。它是以建筑物或构筑物各分项工程或结构构件为编制对象,规定某种建筑产品的人工消耗量、材料消耗量和机械台班消耗量。一般在定额中列有相应地区的单价,是计价性的定额。预算定额在工程建设中占有十分重要的地位,从编制程序看施工定额是预算定额的编制基础,而预算定额则是概算定额、概算指标或投资估算指标的编制基础,可以说预算定额在计价定额中最基础性定额。

4. 概算定额

概算定额是以扩大的分部分项工程或扩大结构构件制作安装为编制对象,计算和确定该工程项目的人工、材料和机械台班消耗数量标准,并列有工程费用,也属于计价性定额。概算定额的项目划分粗细与扩大初步设计的深度相适应,一般是在预算定额的基础上综合扩大而成的,每一综合分项概算定额都包含了数项预算定额,是编制扩大初步设计概算、确定建设项目投资额的依据。

5. 概算指标

概算指标是概算定额的扩大与合并。它是以整个建筑物和构筑物为编制对象,以更为扩大的计量单位来编制的。概算指标的内容包括人工定额、材料消耗定额、机械台班定额三个基本部分,同时还列出各结构分部的工程量及单位工程（以体积计或面积计）的造价,是一种计价定额。例如,每 1 000 m² 房屋或构筑物、每 1 000 m 管道或道路、每座小型独立构筑物所需要的人工、材料和机械台班的数量等。为了增加概算指标的适用性,也以房屋或构筑物的扩大的分部工程或结构构件为对象编制,称为扩大结构定额。

由于各种性质建设定额所需要的人工、材料和机械台班的数量不一样,概算指标通常按工业建筑和民用建筑分别编制。工业建筑中又按各工业部门类别、企业大小、车间结构编制;民用建筑按照用途性质、建筑层高、结构类别编制。

概算指标的设定和初步设计的深度相适应,一般是在概算定额和预算定额的基础上编制的,比概算定额更进一步综合扩大,更具有综合性。它是设计单位编制工程概算或建设单位编制年度任务计划、施工准备期间编制材料和机械设备供应计划的依据,也可供国家编制年度建设计划参考。

6. 投资估算指标

投资估算指标是以独立的单项工程或完整的工程项目为计算对象编制的定额,它是在项目建议书和可行性研究阶段编制投资估算、计算投资需要量时使用的一种定额。它综合性与概括性极强,往往以独立的单项工程或完整的工程项目为计算对象,编制内容是所有项目费用之和,其综合概括程度与可行性研究阶段相适应。投资估算指标往往根据历史的预、决算资料和价格变动等资料编制,但其编制基础仍然离不开预算定额、概算定额和概算指标。

7. 工期定额

工期定额是指在一定生产技术和自然条件下,完成某个单位工程平均需用的标准天数,包括建设工期和施工工期两个层次。

建设工期是指建设项目或独立的单项工程在建设过程中耗用的时间总量,一般用月数或天数表示,它从开工建设时算起到全部完成投产或交付使用时停止,但不包括由于政策失误而停建、缓建所延误的时间。建设工期是评价投资效果的重要指标,直接标志着建设速度的快慢。

施工工期一般是指单项工程或单位工程从开工到完工所经历的时间,它是建设工期的一部分。如单位工程施工工期,是指从正式开工起至完成承包工程全部设计内容并达到国家验收标准为止的全部有效天数。

工期是施工企业在履行承包合同、安排施工计划、减少成本开支、提高经营成果等方面必须考虑的指标,也是评价工程建设速度、编制施工计划、签订承包合同、评价全优工程的可靠依据。缩短工期、提前投产不仅能节约投资,也能更快地发挥工程效益,创造出更多的物质财富和精神财富,因此编制工期定额具有积极意义。

(三)按照编制单位和执行范围不同分类

工程建设定额可分为全国统一定额、行业统一定额、地区统一定额、企业定额和补充定额五种,如图2-3所示。

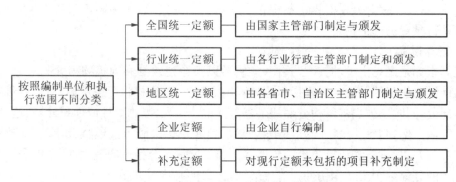

图2-3 按照编制单位和执行范围不同分类

1. 全国统一定额

全国统一定额是由国家建设行政主管部门综合我国工程建设中技术和施工组织技术条件的情况编制,并在全国范围内执行的定额。例如,全国统一的劳动定额、全国统一的建筑工程基础定额、全国统一的建筑装饰装修工程消耗量定额、全国统一的市政工程定额、全国统一的安装工程定额等。

2. 行业统一定额

行业统一定额是由各行业行政主管部门充分考虑本行业专业技术特点、施工生产和管理水平而编制,一般只在本行业和相同专业性质的范围内使用的定额。这种定额往往是为专业性较强的工业建筑安装工程制定的。例如,铁路建设工程定额、水利建设工程定额、矿井建设定额等。

3. 地区统一定额

地区统一定额是各省、自治区、直辖市在考虑地区特点和统一定额水平的条件下编制的、只在规定的地区范围内使用的定额。例如,各省、自治区、直辖市编制的建筑工程预算定额、安装工程预算定额、园林定额等。

4. 企业定额

企业定额是由施工企业根据本企业具体情况,参照国家、部门和地区定额的水平及编制方法等制定的定额。企业定额只在本企业内部执行,用于投标报价、企业内部核算等。它是衡量企业生产力水平的一个标志,企业定额水平一般应高于国家现行定额,只有这样才能满足生产技术发展、企业管理和市场竞争的需要。在工程量清单方式下,企业定额正发挥着越来越大的作用。

5. 补充定额

"定额"是一本书,一旦出版就固定下来,不易更改。而社会还在不断发展变化,一些新技术、新工艺和新方法还在不断涌现,为了新技术、新工艺和新方法的出现就再版定额是不现实的,那么这些新技术、新工艺和新方法又如何计价呢? 这就需要做补充定额,以文件或小册子的形式发布,补充定额具有与正式定额同样的效力。补充定额是指随着设计、施工技术的发展,在现行定额不能满足需要的情况下,为补充现行的定额中漏项或缺项而编制的定额。补充定额只能在指定的范围内使用,可作为以后修订定额的依据。

(四)按照专业分类

工程建设定额可分为建筑工程定额、安装工程定额、仿古建筑及园林工程定额、装饰工程定额、公路工程定额、铁路工程定额、井巷工程定额、水利工程定额等,如图 2－4 所示。

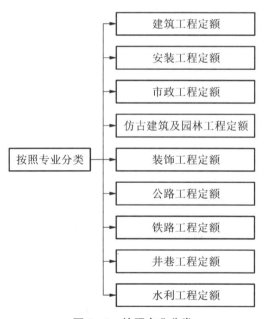

图 2－4 按照专业分类

(五)按照投资费用分类

按照投资费用分类,建筑工程定额可分为直接工程费定额、措施费定额、利润和税金定额、间接费定额、设备及工器具定额、工程建设其他费用定额,如图 2－5 所示。

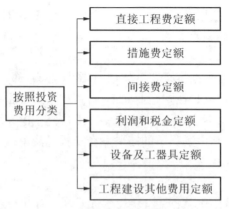

图 2-5　按照投资费用分类

上述各种定额虽然适用于不同的情况和用途,但是它们是一个互相联系的、有机的整体,在实际工作中配合使用。

三、建筑工程定额的性质

(一)市场性与自主性

工程量清单计价是深化工程造价管理改革,实现建设市场竞争的重要途径。工程量清单计价方法的指导思想是顺应市场的要求,引导并规范建设工程招投标活动健康有序地发展,真正实现"政府宏观调控、企业自主报价、部门动态监管、社会全面监督"的运行机制。因而,使传统认识的定额特性产生了本质的变化,突出了按市场规律搞工程建设、由企业自主报价、市场定价成为定额的基本特征。

(二)法令性和指令性

建筑工程定额是由国家各级主管部门按照一定的科学程序组织编制和颁发的,是一种具有法定性的指标,是一种行业法规,定额一经颁布,在其执行范围内任何地区及部门的定额执行者和使用者必须严格执行,不得随意变更定额内容与水平,以保证全国或某一地区或企业范围内有一个统一的核算尺度,从而使考核经济效果和有效的监督管理有了统一的依据。

运用科学的方法编制的定额具有显著的指导性。在企业定额尚未普及的今天,建筑工程定额对工程造价的确定和控制来说仍是十分重要的指导性依据,也是企业编制企业定额时的重要参考依据,同时政府投资工程的造价确定与控制仍离不开定额。建筑工程定额应符合市场的游戏规则,强调政府的宏观调控和部门动态监管,成为建设市场和建筑产品交易的指导。

(三)科学性与群众性

建筑工程定额的科学性包括两重含义:一重含义是指建筑工程定额和生产力发展水平相适应,反映出工程建设中生产消费的客观规律;另一重含义,是指建筑工程定额管理在理论、方法和手段上适应现代科学技术和信息社会发展的需要。

建筑工程定额的科学性,主要表现在以下三个方面:首先表现在用科学的态度制定定额,定额是经长期严密地观察、测定,广泛搜集和总结生产实践经验及有关的资料,应用科学的方法对工时分析、作业研究、现场布置、机械设备改革以及施工技术与组织的合理配合等方面进行综合分析、研究后制定的,定额消耗量是施工中客观规律的反映,以科学的角度合理确定定额水平,反映当时先进的施工方法,尊重客观实际,力求定额水平合理;其次表现在制定定额的技术方法上,利用现代科学管理的成就,形成一套系统的、完整的、在实践中行之有效的方法;第三,表现在定额制定和贯彻的一体化,制定是为了提供贯彻的依据,贯彻是为了实现管理的目标,也是对定额的信息反馈。因此,它具有一定的科学性。

建筑工程定额的群众性,主要表现在定额是在广泛地测定,大量数据的分析、统计、研究和总结工人生产经验的前提下,按正常施工条件,多数企业或个人经过努力可达到或超过的平均先进水平制定的。不是按少数企业或个人的先进水平制定的。建设工程定额的制定和执行都是建立在广大生产者和管理者的基础上,既来源于群众的生产经营活动,又成为群众参加生产经营活动的准则。因此,它具有一定的群众性。

（四）时效性与相对稳定性

任何定额都只能是一定时期生产技术发展和管理水平的反映,不是固定不变的。一定时期的定额,反映一定时期的构件工厂化、施工机械化和预制装配化程度以及工艺、材料等建筑技术发展水平,在一定时期相对稳定,稳定的时间有长有短,一般在 5 年至 10 年之间。随工程生产技术和生产力的发展,各种资源的消耗量下降,劳动生产率提高,这种稳定就被打破了。当生产力向前发展了,定额的水平将会提高,必须产生新的定额与生产力发展水平相适应,这就是定额的时效性。

保持定额的稳定性是维护定额的权威性所必需的,更是有效地贯彻定额所必要的。如果某种定额处于经常修改变动之中,那么必然造成执行中的困难和混乱,使人们感到没有必要去认真对待它,很容易导致定额权威性的丧失。建筑工程定额的不稳定也会给定额的编制工作带来极大的困难。但是建筑工程定额的稳定性是相对的。当生产力向前发展时,定额就会与生产力不相适应。这样,它原有的作用就会逐步减弱以至消失,需要重新编制或修订。

随着我国社会主义市场经济不断深化,定额的某些特点也会随着建筑体制的改革发展而变化,如强制性成分会逐步减少,指导性、参考性会更加突出。应当指出,在社会主义市场经济不断深化的今天,对定额的权威性标准应逐步弱化,因为定额毕竟是主观对客观的反映,定额的科学性会受到人们的知识的局限,随着多元化投资格局的逐渐形成,业主可自主地调整自己的决策行为,定额的指导性会逐渐加强。

四、建筑工程定额在工程建设中的作用

建筑工程定额涉及工程建设的各领域、各层次,无论在宏观管理,还是微观管理;无论在项目建设全过程中,还是在工程施工中;无论在项目的招投标阶段,还是在内部的承发包过程,均离不开定额,它的应用是广泛的。

（一）建筑工程定额是确定工程造价的重要依据

在编制投资估算、设计概算、施工图预算、工程量清单计价、施工阶段的中间结算、竣工阶段的竣工结算与决算时,确定人工、材料和施工机械台班的消耗量,进行单价计算与组价,都以建筑工程定额为依据。建筑工程定额既是建设工程计划、设计、施工、竣工验收等各项工作取得最佳经济效益的有效工具和杠杆,又是考核和评价上述各阶段工作的经济尺度,还是建设工程招投标的重要依据。

（二）建筑工程定额是投资决策与工程决策的重要依据

工程建设的周期长，需要大量的人力、物力和资金，建设项目投资决策者可以利用定额估算所需资金，预测现金流出和流入。对资源消耗进行估算、计划、调配和控制，有效提高项目的科学性，优化投资行为。对建设施工企业而言，定额是价格决策的依据。施工企业只有在投标报价时，充分考虑定额的要求，做出正确的价格决策，才能取得市场竞争的优势。

（三）建筑工程定额是企业实行科学管理的必要手段

建筑工程定额中的企业定额所提供的人工、材料、机械台班消耗标准，可以作为施工企业编制施工进度计划、施工作业计划，下达施工任务，合理组织调配资源，进行成本核算的依据。在施工企业中推行经济责任制、招标承包制、贯彻按劳分配的原则等也以定额为依据。企业定额同时也是考核评比、开展劳动竞赛及实行计件工资和超额奖励的尺度，也是施工企业投标报价的重要依据。

（四）建筑工程定额是节约社会活劳动和优化资源配置的重要手段

一方面，施工企业以定额作为促使工人节约社会劳动和提高劳动效率、加快工程进度的手段，以增强市场竞争能力，获取更多的利润；另一方面，作为工程造价依据的各类定额，又促使施工企业加强管理，把社会劳动的消耗控制在合理的限度内；再者，作为项目决策依据的定额指标，又在更高层次上促使项目投资者合理而有效的利用和分配社会劳动。

（五）建筑工程定额有利于完善市场的信息系统

定额中的数据来源于大量的施工实践，来源于市场，是对大量市场信息的加工、处理和传递，同时也是对市场信息的反馈。信息作为市场体系中不可或缺的要素，其完备性、可靠性和灵敏度是市场成熟和效率的标志。定额作为我国建设市场信息系统的组成部分，是我国长期以来实行定额计价体系的结果，也是我国社会主义市场经济的特色之一。

单元习题

1. 什么是定额？其表现形式有哪些？
2. 定额是如何产生和发展的？
3. 定额在现代经济生活中的地位是什么？
4. 什么是定额水平？定额水平与劳动生产率的关系是什么？
5. 为什么说定额是市场经济的产物，它随着市场经济的发展而发展？
6. 什么是建筑工程定额？
7. 建筑工程定额如何分类？各类定额的内容是什么？
8. 建筑工程定额的特性是什么？
9. 建筑工程定额中最基础性的定额是什么？哪些定额属于计价性定额？计价性定额中最基础性的定额是什么？
10. 建筑工程定额在我国工程建设中有哪些作用？

单元 3　建筑工程人工、材料、机械台班消耗量确定方法

本单元知识点

1. 理解施工过程的含义、分类、影响因素及工作时间的组成；

2. 理解计时观察法的概念、用途、前期的准备工作及计时观察法的分类；

3. 了解工序作业时间及规范时间的确定、定额时间的拟定；

4. 理解机械 1 h 纯工作正常生产率的确定、施工机械的正常利用系数的确定、施工机械台班定额的计算；

5. 了解材料的分类、确定材料消耗量的基本方法。

任务 1　建筑工程施工过程分解及工时分类

一、施工过程及其分类

（一）施工过程含义

施工过程是分项工程的组成部分，是为完成某一项施工任务，在施工现场所进行的生产过程，其最终目的是要建造、改建、修复或拆除工业及民用建筑物和构筑物的全部或一部分。例如砌砖墙、粉刷墙面、安装门窗、浇筑混凝土、挖土方、敷设管道等都是施工过程。

建筑安装施工过程与其他物质生产过程一样，也包括生产力三要素，即劳动者、劳动对象、劳动工具，也就是说，施工过程是由不同工种、不同技术等级的建筑安装工人使用各种劳动工具（手动工具、小型工具、大中型机械和仪器仪表等），按照一定的施工工序和操作方法，直接或间接地作用于各种劳动对象（各种建筑、装饰材料，半成品，预制品和各种设备、零配件等），使其按照人们预定的目的，生产出建筑、安装以及装饰合格产品的过程。

每个施工过程的结束，获得了一定的产品，这种产品或者是改变了劳动对象的外表形态、内部结构或性质（由于制作和加工的结果），或者是改变了劳动对象在空间的位置（由于运输和安装的结果）。

（二）施工过程分类

根据不同的标准和需要，施工过程有如下分类：

（1）按施工过程的完成方法和手段分类

施工过程可划分为：手工操作过程（手动过程）、机械化过程（机动过程）、机手并动过程

（半机械化过程）。

（2）按施工过程劳动分工的特点分类

施工过程可分为：个人完成过程、工人班组完成过程、施工队完成过程。

（3）根据施工过程组织上的复杂程度分类

根据施工过程组织上的复杂程度分可以分解为工序、工作过程和综合工作过程。具体见图3-1所示。

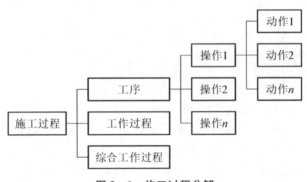

图3-1 施工过程分解

① 工序

工序是指施工过程中在组织上不可分割，在操作上属于同一类的作业环节。其主要特征是劳动者、劳动对象和使用的劳动工具均不发生变化。如果其中一个因素发生变化，就意味着由一项工序转入了另一项工序。如钢筋制作，它由平直钢筋、钢筋除锈、切断钢筋、弯曲钢筋等工序组成。如"砌砖"施工过程中就由运砖、运灰浆、铺灰浆、砌砖、勾缝等工序组成。

从施工的技术操作和组织观点看，工序是工艺方面最简单的施工过程。在编制施工定额时，工序是主要的研究对象。测定定额时只需分解和标定到工序为止。如果进行某项先进技术或新技术的工时研究，就要把工序分解到操作甚至动作为止。从中分析、研究这些组成部分的必要性和合理性，分析他们之间的关系及其衔接时间，找出可加以改进的操作以节约工时。如"手工弯钢筋"这一工序可分解为五个操作：a 将钢筋放在工作台上；b 对准位置；c 用扳手弯曲钢筋；d 扳手回原；e 将弯好的钢筋取出。动作是将一个操作进一步分解的组成部分，是工序中最小的、一次性的、不间断的运动。例如"将钢筋放到工作台上"这个"操作"可分解为四个"动作"：a 走到已整直的钢筋堆放处；b 弯腰拿起钢筋；c 拿着钢筋走向工作台；d 把钢筋放到工作台上。

工序可以由一个人来完成，也可以由小组或施工队内的几名工人协同完成；可以手动完成也可以由机械操作完成。在机械化的施工工序中，还可以包括由工人自己完成的各项操作和由机械完成的工作两部分。

② 工作过程

工作过程是指由同一工人或同一工人班组所完成的在技术操作上相互有机联系的工序的总合体。其特征为劳动者和劳动对象不发生变化，而使用的材料和劳动工具可以变化。例如，砌墙和勾缝，抹灰和粉刷等。

③ 综合工作过程

综合工作过程是同时进行的，在组织上有直接联系的，为完成一个最终产品结合起来的各个施工过程的总和。例如,砌砖墙这一综合工作过程,由调制砂浆、运砂浆、运砖、砌墙等工作过程构成,它们在不同的空间同时进行,在组织上有直接联系,并最终形成的共同产品是一定数量的砖墙。

(4) 按照施工工序是否重复循环分类

施工过程按照施工工序是否重复循环可以分为循环施工过程和非循环施工过程两类。如果施工过程的工序或其组成部分以同样的内容和顺序不断循环,并且每重复一次可以生产出同样的产品,则称为循环施工过程,反之,则称为非循环的施工过程。

(5) 按劳动者、劳动工具、劳动对象所处位置和变化分类

施工过程按劳动者、劳动工具、劳动对象所处位置和变化可分为工艺过程、搬运过程和检验过程。

① 工艺过程

工艺过程是指直接改变劳动对象的性质、形状、位置等,使其成为预期的施工产品的过程,例如房屋建筑中的挖基础、砌砖墙、粉刷墙面、安装门窗等。由于工艺过程是施工过程中最基本的内容,因而是工作时间研究和制定定额的重点。

② 搬运过程

搬运过程是指将原材料、半成品、构件、机具设备等从某处移动到另一处,保证施工作业顺利进行的过程。但操作者在作业中随时拿起或存放在工作面上的材料等,是工艺过程的一部分,不应视为搬运过程。如砌筑工将已堆放在砌筑地点的砖块拿起砌在砖墙上,这一操作就属于工艺过程,而不应视为搬运过程。

③ 检验过程

主要包括对原材料、半成品、构配件等的数量、质量进行检验,判定其是否合格、能否使用;对施工活动的成果进行检测,判别其是否符合质量要求;对混凝土试块、关键零部件进行测试以及作业前对准备工作和安全措施的检查等。

(6) 根据施工各阶段工作在产品形成中所起作用分类

① 施工准备过程。施工准备过程是指在施工前所进行的各种技术、组织等准备工作。如编制施工组织设计、现场准备、原材料的采购、机械设备进场、劳动力的调配和组织等。

② 基本施工过程。基本施工过程是指为完成建筑工程或产品所必须进行的生产活动。如基础打桩、墙体砌筑、构件吊装、门窗安装、管道铺设、电器照明安装等。

③ 辅助施工过程。辅助施工过程是指为保证基本施工过程正常进行所必需的各种辅助性生产活动。如施工中临时道路的铺筑,临时供水、照明设施的安装,机械设备的维修保养等。

④ 施工服务过程。施工服务过程是指为保证实现基本和辅助施工过程所需要的各种服务活动。如原材料、半成品、机具等的供应、运输和保管,现场清理等。

上述四部分既有区别,又互相联系,其核心是基本施工过程。

(三) 施工过程的影响因素

建筑工程的各个施工过程中,各种影响因素(技术的、组织的、主观的、客观的)和产品的特点不同,致使单位产品工时消耗有所不同。即使在相同产品和相同技术条件下,也常因施工组织、施工方法、工人技术水平和劳动态度等不同,从而使单位产品的工时消耗具有很大差别。因此,对影响施工过程的因素及其特点,有必要进行分析研究,以便进一步分析工时如何合理利用,正确的制定时间定额。

凡是对施工过程的工时消耗有影响的条件都称为影响施工过程的因素。如运砖工序，砖堆放处离操作现场的远近称为运砖工序的影响因素。因素状态不同或其数量大小称为因素的数值。如运砖的距离值就是运砖工序因素的数值。

决定一个施工过程区别于另一个施工过程的各个因素数值的总和，称为施工过程的特点。不同的施工过程就有不同的特点。对施工过程的影响因素进行研究，其目的是正确确定单位施工产品所需要的作业时间消耗。施工过程的影响因素包括技术因素、组织因素和自然因素。

（1）技术因素

影响施工过程的技术因素主要包括产品的类别、规格和技术等级，所用材料、半成品、构配件的类别、型号、规格和性能。

（2）组织因素

影响施工过程的组织因素主要包括施工组织和施工方法，劳动组织与分工方法，工人的技术水平、操作方法、劳动态度，工资分配形式，如计时、计件、奖励。

（3）自然因素

自然因素主要包括雨、雪、冰冻、大风、高温酷暑等。

二、工作时间的分类

研究施工中的工作时间最主要的目的是确定施工的时间定额和产量定额，其前提是对工作时间按其消耗性质进行分类，以便研究工时消耗的数量及其特点。

工作时间指的是工作班延续时间。例如8小时工作制的工作时间就是8 h，午休时间不包括在内。对工作时间消耗的研究，可以分为两个系统进行，即工人工作时间的消耗和工人所使用的机械工作时间消耗。

（一）工人工作时间消耗的分类

工人在工作班内消耗的工作时间，按其消耗的性质，基本可以分为两大类：必需消耗的时间和损失时间。工人工作时间的一般分类如图3-2所示。

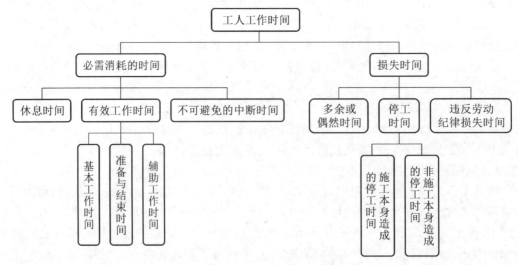

图3-2　工人工作时间分类图

（1）必需消耗的工作时间是工人在正常施工条件下，为完成一定合格产品（工作任务）所消耗的时间，是制定定额的主要依据，包括有效工作时间、休息时间和不可避免中断时间的消耗。

① 有效工作时间

有效工作时间是从生产效果来看与产品生产有直接关系的时间消耗。它包括准备与结束时间、基本工作时间、辅助工作时间。

准备与结束工作时间是执行任务前或任务完成后所消耗的工作时间。如工作地点、劳动工具和劳动对象的准备工作时间；工作结束后的整理工作时间等。准备和结束工作时间的长短与所担负的工作量大小无关，但往往和工作内容有关。这项时间消耗可以分为班内的准备与结束工作时间和任务的准备与结束工作时间。其中任务的准备和结束时间是在一批任务的开始与结束时产生的，如熟悉图纸、准备相应的工具、领料、事后清理场地等，通常不反映在每一个工作班里。

基本工作时间是工人完成能生产一定产品的施工工艺过程所消耗的时间。通过这些工艺过程可以使材料改变外形，如钢筋煨弯等；可以使预制构配件安装组合成型；也可以改变产品外部及表面的性质，如粉刷、油漆等、基本工作时间所包括的内容依工作性质各不相同。基本工作时间的长短和工作量大小成正比例。

辅助工作时间是为保证基本工作能顺利完成所消耗的时间。如校正、移动梯子、转移工作位置等。在辅助工作时间里，不能使产品的形状大小、性质或位置发生变化。辅助工作时间的结束，往往就是基本工作时间的开始。辅助工作一般是手工操作。但如果在机手并动的情况下，辅助工作是在机械运转过程中进行的，为避免重复则不应再计辅助工作时间的消耗。辅助工作时间长短与工作量大小有关。

② 休息时间

休息时间是工人在工作过程中为恢复体力所必需的短暂休息和生理需要的时间消耗。如喝水、上厕所等。这种时间是为了保证工人精力充沛地进行工作，所以在定额时间中必须进行计算。休息时间的长短与劳动强度、劳动条件、劳动性质和劳动危险性等密切相关。

③ 不可避免的中断时间

不可避免的中断时间指由于施工工艺特点引起的工作中断所必需的时间，与施工过程工艺特点有关的中断时间，应包括在定额时间内，应尽量缩短此项时间消耗。如司机等候卸货、安装工人等候起重机吊起构件等。

（2）损失时间是与产品生产无关，而与施工组织和技术上的缺点有关，与工人在施工过程的个人过失或某些偶然因素有关的时间消耗，损失时间中包括多余和偶然工作、停工、违反劳动纪律所引起的工时损失。

① 多余和偶然工作时间

多余工作，就是工人进行了任务以外而又不能增加产品数量的工作。如重砌质量不合格的墙体等。多余工作的工时损失，一般都是由于工程技术人员和工人的差错而引起的，因此，不应计入定额时间中。偶然工作也是工人在任务外进行的工作，但能够获得一定产品。如抹灰工不得不补上偶然遗留的墙洞等。由于偶然工作能获得一定产品，拟定定额时要适当考虑它的影响。

② 停工时间

停工时间就是工作班内停止工作造成的工时损失。停工时间按其性质可分为施工本身造成的停工时间和非施工本身造成的停工时间两种。施工本身造成的停工时间是由于施工组织不善、材料供应不及时、工作面准备工作做得不好、工作地点组织不良等情况引起的停工时间。非施工本身造成的停工时间,是由于如大雨、风暴、停水、停电等外因引起的停工时间。前一种情况在拟定定额时不应该计算,后一种情况定额中则应给予合理的考虑。

③ 违背劳动纪律造成的工作时间损失

违背劳动纪律造成的工作时间损失是指工人在工作班开始和午休后的迟到、午饭前和工作班结束前的早退、擅自离开工作岗位、工作时间内聊天或办私事等造成的工时损失。由于个别工人违背劳动纪律而影响其他工人无法工作的时间损失,也包括在内。

(二)机械工作时间消耗的分类

在机械化施工过程中,对工作时间消耗的分析和研究,除了要对工人工作时间的消耗进行分类研究之外,还需要分类研究机械工作时间的消耗。

机械工作时间的消耗,按其性质也分为必需消耗的时间和损失时间两大类。如图3-3所示。

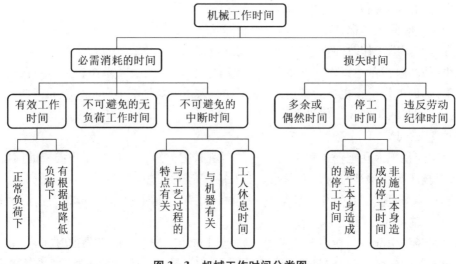

图3-3　机械工作时间分类图

(1)必须消耗的时间

在必须消耗的工作时间内,包括有效工作时间、不可避免的无负荷工作时间和不可避免的中断时间三项消耗。而在有效工作的时间消耗中又包括正常负荷下、有根据地降低负荷下的工时消耗。

① 正常负荷下的工作时间,是机械在与机械说明书规定的额定负荷相符的情况下进行工作的时间。

② 有根据地降低负荷下的工作时间,是在个别情况下由于技术上的原因,机械在低于其计算负荷下工作的时间。例如,汽车运输重量轻而体积大的货物时,不能充分利用汽车的载重吨位因而不得不降低其计算负荷。

③ 不可避免的无负荷工作时间,是由施工过程的特点和机械结构的特点造成的机械无

负荷工作时间。例如,筑路机在工作区末端调头、汽车在工作班开始和结束时的空车行驶等,就属于此项工作时间的消耗。

④ 不可避免的中断工作时间是与工艺过程的特点、机械的使用和保养、工人体息有关的中断时间。

与工艺过程的特点有关的不可避免中断工作时间,有循环的和定期的两种。循环的不可避免中断,是在机械工作的每一个循环中重复一次。如汽车装货和卸货时的停车。定期的不可避免中断,是经过一定时期重复一次。比如把灰浆泵由一个工作地点转移到另一工作地点时的工作中断。

与机械有关的不可避免中断工作时间,是由于工人进行准备与结束工作或辅助工作时,机械停止工作而引起的中断工作时间。它是与机械的使用与保养有关的不可避免中断时间。

工人休息时间,前面已经做了说明。这里要注意的是,应尽量利用与工艺过程有关的和与机械有关的不可避免中断时间进行休息,以充分利用工作时间。

(2) 损失时间

损失时间包括多余工作、停工、违反劳动纪律所消耗的工作时间和低负荷下的工作时间。

① 机械的多余工作时间,一是机械进行任务内和工艺过程内未包括的工作而延续的时间。如由于工人未及时供料造成机械空转的时间;二是机械在负荷下所做的多余工作,如混凝土搅拌机搅拌混凝土时超过规定的搅拌时间,即属于多余工作时间。

② 机械的停工时间,按其性质也可分为施工本身造成和非施工本身造成的停工。前者是由于施工组织得不好而引起的停工现象,如由于未及时供给机械燃料而引起的停工。后者是由于气候条件所引起的停工现象,如暴雨时压路机的停工,上述停工中延续的时间,均为机械的停工时间。

③ 违反劳动纪律引起的机械的时间损失,是指由于工人迟到早退或擅离岗位等原因引起的机械停工时间。

④ 低负荷下的工作时间,是由于工人或技术人员的过错所造成的施工机械在降低负荷的情况下工作的时间。例如,工人装车的砂石数量不足引起的汽车在降低负荷的情况下工作所延续的时间。此项工作时间不能作为计算时间定额的基础。

任务2　确定时间消耗的基本方法

定额测定是制定定额的一个主要步骤。测定定额是用科学的方法观察、详细记录施工过程中的工作时间消耗、完成产品数量及有关影响因素,并对记录结果予以整理和分析研究,为制定建筑工程定额提供可靠依据。测定定额通常使用计时观察法,计时观察法是测定时间消耗的基本方法。

一、计时观察法概述

计时观察法,也称为现场观察法。是研究工作时间消耗的一种技术测定方法。它以研究工时消耗为对象,以观察测时为手段,通过密集抽样和粗放抽样等技术进行直接的时间研究。计时观察法用于建筑施工中时以现场观察为主要技术手段,所以也称之为现场观察法。

计时观察法的具体用途:

(1)取得编制施工的劳动定额和机械定额所需要的基础资料和技术根据。

(2)研究先进工作法和先进技术操作对提高劳动生产率的具体影响,并应用和推广先进工作法和先进技术操作。

(3)研究减少工时消耗的潜力。

(4)研究定额执行情况,包括研究大面积、大幅度超额和达不到定额的原因,积累资料、反馈信息。

计时观察法能够把现场工时消耗情况和施工组织技术条件联系起来加以考察,它不仅能为制定定额提供基础数据,而且也能为改善施工组织管理、改善工艺过程和操作方法、消除不合理的工时损失和进一步挖掘生产潜力提供技术根据。计时观察法的局限性,是考虑人的因素不够。

二、计时观察前的准备工作

(一)确定需要进行计时观察的施工过程

计时观察之前的第一个准备工作,是研究并确定有哪些施工过程需要进行计时观察。对于需要进行计时观察的施工过程要编出详细的目录,拟订工作进度计划,制定组织技术措施,并组织编制定额的专业技术队伍,按计划认真开展工作。在选择观察对象时,必须注意所选择的施工过程要完全符合正常施工条件。所谓施工的正常条件,是指绝大多数企业和施工队、组,在合理组织施工的条件下所处的施工条件。与此同时,还需调查影响施工过程的技术因素、组织因素和自然因素。

(二)对施工过程进行预研究

对于已确定的施工过程的性质应进行充分的研究,目的是为了正确地安排计时观察和收集可靠的原始资料。研究的方法,是全面地对各个施工过程及其所处的技术组织条件进行实际调查和分析,以便设计正常的(标准的)施工条件和分析研究测时数据。

(1)熟悉与该施工过程有关的现行技术规范和技术标准等文件和资料。

(2)了解新采用的工作方法的先进程度,了解已经得到推广的先进施工技术和操作,还应了解施工过程存在的技术组织方面的缺点和由于某些原因造成的混乱现象。

(3)注意系统地收集完成定额的统计资料和经验资料,以便与计时观察所得的资料进行对比分析。

(4)把施工过程划分为若干个组成部分(一般划分到工序)。施工过程划分的目的是便于计时观察。如果计时观察法的目的是为了研究先进工作法,或是分析影响劳动生产率提高或降低的因素,则必须将施工过程划分到操作以至动作。

(5)确定定时点和施工过程产品的计量单位。所谓定时点,即是上下两个相衔接的组成部分之间的分界点。确定定时点,对于保证计时观察的精确性是不容忽略的因素。确定产品计量单位,要能具体地反映产品的数量,并具有最大限度的稳定性。

(三)选择观察对象

所谓观察对象,就是对其进行计时观察完成该施工过程的工人。所选择的建筑安装工人,应具有与技术等级相符的工作技能和熟练程度;所承担的工作与其技术等级相符,同时应该能够完成或超额完成现行的施工劳动定额。

（四）其他准备工作

此外，还必须准备好必要的用具和表格。如测时用的秒表或电子计时器，测量产品数量的工器具，记录和整理测时资料用的各种表格等。如果有条件且有必要，还可配备电影摄像和电子记录设备。

三、计时观察方法的分类

对施工过程进行观察、测时，计算实物和劳务产量，记录施工过程所处的施工条件和确定影响工时消耗的因素，是计时观察法的三项主要内容和要求。计时观察法种类很多，最主要的有三种，见图 3－4。

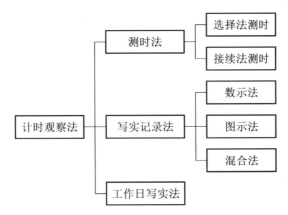

图 3－4　计时观察法的种类

（一）测时法

测时法是对某一被测产品，记录其每一道工序作业时间，并求其各工序时间消耗的平均值，再将完成该产品所有工序时间消耗的平均值累计即得到完成该产品的定额工时。

测时法主要适用于测定定时重复的循环工作的工时消耗，是精确度比较高的一种计时观察法，一般可达到 0.2～15 s。测时法只用来测定施工过程中循环组成部分工作时间消耗，不研究工人休息、准备与结束及其他非循环的工作时间。

（1）测时法的分类

根据具体测时手段不同，可将测时法分为选择法和接续法两种。

① 选择法测时

选择法测时也称为间隔法测时。它不是连续地测定施工过程全部循环工作的组成部分，而是将完成产品的各个工序或操作——分开，有选择地对各工序的工时消耗进行测定，即间隔选择施工过程中非紧连接的组成部分（工序或操作）测定工时，它是精确度达 0.5 s。

当被观察的某一循环工作的组成部分开始，观察者立即开动秒表，当该组成部分终止，则立即停止秒表。然后把秒表上指示的延续时间记录到选择法测时记录（循环整理）表上，并把秒针拨回到零点。经过若干次选择测时后，直到填满表格中规定的测时次数。下一组成部分开始，再开动秒表，如此依次观察，并依次记录下延续时间。直到完成各个组成部分全部测试工程为止。

表3-1 选择法测时记录表

观察对象：大型屋面板吊装	施工单位	×××市建三公司	工地	×××商住楼	日期	2018.6.27	开始时间	9:00	终止时间	11:00	延续时间	2 h	观察号次		页次	

时间精度：1 s　　施工过程名称：轮式起重机(QL3-16型)吊装大型屋面板

号次	组成部分名称	定时点	每次循环的工作消耗 单位:S/块										时间整理			附注
---	---	---	1	2	3	4	5	6	7	8	9	10	正常延续时间总和	正常循环次数	算术平均值	
1	挂钩	挂钩后松手，离开吊钩	31	32	33	32	43	30	33	33	33	32	289	9	32.1	①挂了两次钩 ②吊钩下降高度不够，第一次未脱钩
2	上升回转	回转结束后停止	84	83	82	86	83	84	85	82	82	86	837	10	83.7	每循环一次装大型屋面板一块。每块重1.5 t
3	下落就位	就位后停止	56	54	55	57	57	69	56	57	56	54	502	9	55.8	
4	脱钩	脱钩后开始回转	41	43	40	41	39	42	42	38	41	41	408	10	40.8	
5	空钩回转	空钩回至构件对方处	50	49	48	49	51	50	50	48	49	48	492	10	49.2	
													合计		261.6	

表3-2 连续测时法记录表

测定对象：混凝土搅拌机拌和混凝土（观察精确度：1 s）		施工单位名称	观察日期	开始时间	终止时间	延续时间	页次
		××市建一公司	2017.6.7	10:00	10:21	20 min54 s	

施工过程：混凝土搅拌机（JB-500型）拌和混凝土

序号	工序名称	时间	观察次数																			记录整理			附注
			1		2		3		4		5		6		7		8		9		10		延续时间总计	有效循环次数	算术平均值	
			min	s	min	s	min	s	min	s	min	s	min	s	min	s	min	s	min	s	min	s				
1	装料入鼓	终止时间	0	15	2	16	4	20	6	30	8	33	10	39	12	44	14	56	17	4	19	5				
		延续时间		15		13		13		17		14		15		16		19		12		14	148	10	14.8	
2	搅拌	终止时间	1	45	3	48	5	55	7	57	10	4	12	9	14	20	16	28	18	33	20	38				
		延续时间		90		92		95		87		91		90		96		92		89		93	915	10	91.5	
3	出料	终止时间	2	3	4	7	6	13	8	19	10	24	12	28	14	37	16	52	18	51	20	54				
		延续时间		18		19		18		22		20		19		17		24		18		16	191	10	19.1	

采用选择法测时,应特别注意掌握定时点。记录时间时仍在进行的工作组成部分,应不予观察。当所测定的各工序或操作的延续时间较短时,连续测定比较困难,用选择法测时比较方便且简单。

间隔测时法主要用于测定工时消耗不长的循环操作过程,比较容易掌握,使用比较广泛,缺点是测定起始和结束点的时刻时,容易发生读数的偏差。

表 3-1 所示为选择测时法所用的表格和具体实例。测定开始之前,应将预先划分好的组成部分和定时点填入测时表格里。在测时记录时,可以按施工组成部分的顺序将测得的时间填写在表格的时间栏目内,也可以有选择地将测得的施工组成部分的所需时间填入对应的栏目内,直到填满为止。在测定过程中,凡对各组成部分的延续时间有影响的一切因素,应随时记在"附栏"中,以供整理资料测时数列时分析研究。

② 接续法测时

连续测时法又称接续测时法,它是对完成产品的循环施工过程的组成部分进行不间断的连续测定,不能遗漏任何一个循环的组成部分。连续测时法所测定的时间包括了施工过程中的全部循环时间,因此它保证了所得结果具有较高的精确度。

连续测时法比选择法测时准确、完善,但观察技术也较之复杂。它的特点是在工作进行中和非循环组成部分出现之前一直不停止秒表,秒针走动过程中,观察者根据各组成部分之间的定时点,记录它的终止时间,再用定时点终止时间之间的差表示各组成部分的延续时间。在测时过程中,注意随时记录对组成部分的延续时间有影响的施工因素,以便于整理测时数据时分析研究,表 3-2 所示为连续测时法的具体实例。在测定开始之前,亦需将预先划分的组成部分和定时点分别填入测时表格内。每次测时时,将组成部分的终止时间点填入表格,测时结束后再根据后一组成部分的终止时间计算出后一组成部分的延续时间,并将其填入表格中。

(2) 测时法的观察次数

由于测时法是属于抽样调查的方法,因此为了保证选取样本的数据可靠,需要对于同一施工过程进行重复测时。一般来说,观测的次数越多,资料的准确性越高,但要花费较多的时间和人力,这样既不经济,也不现实。确定观测次数较为科学的方法,应该是依据误差理论和经验数据相结合的方法来判断。表 3-3 给出了测时法下观察次数的确定方法。很显然,需要的观察次数与要求的算术平均值精确度及数列的稳定系数有关。

表 3-3 测时法所必需的观察次数表

稳定系数 $K_p = \dfrac{t_{max}}{t_{min}}$	要求的算术平均值精确度 $E = \pm \dfrac{1}{\overline{X}} \sqrt{\dfrac{\sum \Delta^2}{n(n-1)}}$				
	5%以内	7%以内	10%以内	15%以内	25%以内
	观察次数				
1.5	9	6	5	5	5
2	16	11	7	5	5
2.5	23	15	10	6	5
3	30	18	12	8	6

续　表

稳定系数 $K_p = \dfrac{t_{\max}}{t_{\min}}$	要求的算术平均值精确度 $E = \pm \dfrac{1}{\overline{X}} \sqrt{\dfrac{\sum \Delta^2}{n(n-1)}}$				
	5%以内	7%以内	10%以内	15%以内	25%以内
	观察次数				
4	39	25	15	10	7
5	47	31	19	11	8

注:表中符号的意义:

$t_{\max}$为最大观测值;$t_{\min}$为最小观测值;$\overline{x}$为算术平均值;n 为观察次数;

△ 为每次观察与算术平均值之差。

(3) 测时数据的整理

观测所得数据的算术平均值,即为所求延续时间。为了使算术平均值更接近于各组成部分的延续时间正确值,在整理测时数列时可进行必要的清理,删去那些显然是错误的以及偏差极大的数值。通过清理后所得出的算术平均值,通常称为平均修正值。

① 清理测时数列时,首先删掉完全是由于人为的因素影响而出现的偏差,如工作时间闲聊天,材料供应不及时造成的等候,以及测定人员记录时间的疏忽而造成的错误等所测得的数据,删掉的数据在测时记录表上做"×"记号。

② 删去由于施工因素的影响而出现的偏差极大的延续时间,如挖土机挖土时碰到孤石等。此类偏差大的数还不能认为完全无用,可作为该项施工因素影响的资料,进行专门研究。对此类删去的数据应在测时记录表中做"○"记号,以示区别。

③ 清理偏差大的数据可参照下列调整系数表(表3-4)和偏差极限算式进行。

表 3 - 4　误差调整系数 K 值表

观察次数	调整系数	观察次数	调整系数
5	1.3	11~15	0.9
6	1.2	16~30	0.8
7~8	1.3	31~53	0.7
9~10	1.0	53 以上	0.6

极限算式如下

$$\lim_{\max} = \overline{X} + K(t_{\max} - t_{\min})$$

$$\lim_{\min} = \overline{X} - K(t_{\max} - t_{\min})$$

式中,$\lim_{\max}$——最大极限值;

$\lim_{\min}$——最小极限值;

$t_{\max}$——最大值;

$t_{\min}$——最小值;

$\overline{X}$——算术平均值;

K——调整系数,见表3-4。

清理的方法是:首先,从测得的数列中删去由于人为因素的影响而出现的偏差极大的数据；然后，再从留下来的测时数列中，试删去偏差极大的可疑数据，用表 3-4 和极限算式求出最大极限和最小极限；最后，再从数列中删去最大或最小极限之外偏差极大的可疑数值。

例 3-1 从表 3-1 中号次 1 挂钩组成部分测时数列中的数值为 31、32、33、32、43、30、33、33、33、32。试确定其修正后的算术平均值。

解 该数列中偏差大的可疑数值为 43。根据上述方法，先删去 43 这个数值，然后用极限算式计算其最大极限。计算过程如下：

$$\overline{X} = \frac{31+32+33+32+30+33+33+33+32}{9} = 32.1$$

$$\lim_{max} = \overline{X} + K(t_{max} - t_{min}) = 32.1 + 1.0 \times (33-30) = 35.1$$

由于 43 大于 35.1，显然应该从数列中删去 43，所求修正后的平均算术值为 32.1。

如果一组测时数列中有两个误差大的可疑数据时，应从最大的一个数值开始连续进行检核（每次只能删去一个数据）。如一组测时数列中有两个以上的可疑数据时，应将这一组测时数列抛弃，重新进行观测。

测时数据在删去了最大或最小极限之外的数据之后，计算保留下来的数据的算术平均值，将其填入测时记录表的算术平均值栏内，作为该组成部分在相应的条件下所确定的延续时间。测时记录表中的"时间总和"和"循环次数"栏，应按清理后的合计数填入。

（二）写实记录法

写实记录法是一种研究各种性质的工作时间消耗的方法。包括基本工作时间、辅助工作时间、准备与结束时间、不可避免中断时间及各种损失时间。采用这一方法可以获得分析工时消耗和制定定额所必需的全部资料。此方法较简便，易于掌握，并且精度也比较高。所以，写实记录法在实际工作中得到了广泛应用。

写实记录法的观察对象，可以是一个工人，也可以是一个工人小组。当观察由一个人单独操作或产品数量可单独计算时，采用个人写实记录。如果观察工人小组的集体操作，而产品数量又无法单独计算时，可采用集体写实记录。

（1）写实记录法的种类

写实记录法按记录时间的方法不同分为数示法、图示法和混合法三种，计时一般采用有秒针的普通计时表即可。

① 数示法写实记录

数示法的特征是用数字记录工时消耗，是三种写实记录法中精确度较高的一种，精确度达 5 s，可以同时对两个工人进行观察，适用于组成部分较少而且比较稳定的施工过程。数示法用来对整个工作班或半个工作班进行长时间观察，因此能反映工人或机械工作日全部情况。把观察的时间应记录在数示法写实记录表中（表 3-5）。填表步骤如下：

Ⅰ 将拟定好的所测施工过程的全部组成部分，按其操作的先后顺序填写在第二栏中，并将各组成部分依次编号填入第一栏内，对于在观察中偶然出现的组成部分可随时补充代号和名称。

Ⅱ 第四栏和十栏中，填写工作时间消耗的组成部分号次，其号次应根据第一栏和第二栏填写，测定一个填写一个。如测定一个工人的工作时，应将测定的结果先填入第四～九栏，然后再填入第十一～十六栏；如同时测定两个工人的工作时，测定结果应在两边各栏中同时单独填写。

表 3-5 数示法写实记录表

工地名称	**住宅	开始时间	8:20	延续时间		1时21分55秒	调查号次	
施工单位名称	市二建	终止时间	9:41:55	记录时间			页 次	

施工过程:双轮车运土方(200米运距)

			观察对象:工人甲						观察对象:工人乙						
序号	施工过程组成部分名称	时间消耗量	组成部分号次	起止时间 时-分	秒	延续时间	完成产品 计量单位	数量	组成部分号次	起止时间 时-分	秒	延续时间	完成产品 计量单位	数量	附注
一	二	三	四	五	六	七	八	九	十	十一	十二	十三	十四	十五	十六
1	装土	28'15"	开始	8-20	0				1	9-04	05	3'40"	m³	0.288	甲乙两人共运土8车,每车容积0.288m³ 共运0.288×8=2.3 m³松土
2	运输	22'26"	1	22	50	2'50"	m³	0.288	2	06	25	2'20"	次	1	
3	卸土	9'09"	2	26	0	3'10"	次	1	3	07	25	1'00"			
4	空返	18'30"	3	27	20	1'20"	m³	0.288	4	09	45	2'20"	m³	0.288	
5	等候装土	2'05"	4	30	0	2'40"	次	1	1	13	45	4'00"	次	1	
6	喝水	1'30"	1	33	20	3'20"			2	16	15	2'30"			
			2	36	50	3'30"			3	17	15	1'00"			
			3	37	50	1'00"			4	20	05	2'50"			
			4	40	20	2'30"			5	22	10	2'05"			
			1	43	30	3'10"			1	26	05	3'55"			
			2	45	50	2'20"			2	29	11	3'06"			
			3	47	05	1'15"			3	30	35	1'24"			
			4	49	50	2'45"			4	33	05	2'30"			
			1	53	20	3'30"			1	36	55	3'50"			
			2	56	20	3'00"			2	39	25	2'30"			
			3	57	30	1'10"			3	40	25	1'00"			
			4	9-00	25	2'55"			6	41	55	1'30"			
		81'55"				40'25"						41'30"			

记录者:王**

Ⅲ 第五栏、第六栏、第十一栏、第十二栏中,填写起止时间。测定开始时,将开始时间填入此栏第一行,其余各行均填写各组成部分的终止时间。

Ⅳ 第七栏和十三栏,应在观察结束之后填写。将某一组成部分的终止时间减去前一组成部分的终止时间即得该组成部分的延续时间。

Ⅴ 第八栏、第九栏、第十四栏、第十五栏中,可根据划分测定施工过程的组成部分对选定的计量单位和实际完成的产品量填入,如有的组成部分难以计算产量时,可不填写。

Ⅵ 第十六栏为"附注"栏,填写工作中产生各种缺陷的原因和各组成部分内容的必要说明等。

Ⅶ 观察结束之后,应详细测量或计算最终完成产品数量,填入数示法写实记录表中第1页"附注"栏中。对所测定的原始记录应分页进行整理,先计算第七栏、第十三栏的各组成部分延续时间,然后再分别计算每一组成部分延续时间的合计,并填入第三栏中。如同时观察两个工人,则应分别进行统计,将第一个工人的时间消耗量填入第三栏中的斜线以上,第二个工人的时间消耗量填入斜线以下。各页原始记录表整理完毕之后,应检查第三栏的时间总计是否与第七栏和第十三栏的总计相等,然后填入本页的"延续时间"栏内。

② 图示法写实记录

图示法是在规定格式的图表上用时间进度线条表示工时消耗量的一种记录方式(表3-6),精确度可达30 s,可同时对3个以内的工人进行观察。这种方法的主要优点是记录简单,时间一目了然,原始记录整理方便。

图示法写实记录表的填写步骤如下:

Ⅰ 表中划分为许多小格,每格为1 min,每张表可以记录1 h的时间消耗。为了记录时间方便,每5个小格和每10个小格处都有长线和数字标记。

Ⅱ 表中"号次"及"各组成部分名称"栏,应在实际测定过程中,按所测施工过程的各组成部分出现的先后顺序随时填写,这样便于线段连接。

Ⅲ 记录时间时用铅笔在各组成部分相应的横行中画直线段,每个工人一条线,每一线段的始端和末端应与该组成部分的开始时间和终止时间相符合。工作1 min,直线段延伸一个小格。测定两个以上的工人工作时,最好使用不同颜色的铅笔以便区分各个工人的线段。当工人的操作由一组成部分转入另一组成部分时,时间线段也应随着改变其位置,并应将前一线段的末端划一垂直线与后一线段的始端相连接。

Ⅳ "产品数量"栏,按各组成部分的计量单位和所完成的产量填写,如个别组成部分的完成产量无法计算或无实际意义者,可不必填写。最终产品数量应在观察完毕之后,查点或测量清楚,填写在图示法写实记录表第一页"附注"栏中。

Ⅴ "附注"栏应简明扼要地说明有关影响因素和造成非定额时间的原因。

Ⅵ 在观察结束之后,及时将每一组成部分所消耗的时间合计后填入"时间小计"栏内,最后将各组成部分所消耗的时间相加后,填入"合计"栏内。

③ 混合法写实记录

混合法吸取了数示法和图示法的优点,以图示法中的时间进度线条表示工序的延续时间,在进度线的上部加写数字表示各时间区段的工人数。混合法适用于3个以上工人工作时间的集体写实记录。

混合法记录时间仍采用图示法写实记录表(表3-7),其填表步骤如下:

表3-6　图示法写实记录表

工地名称	×××商住楼	开始时间	8:30	延续时间		调查页次	
施工单位名称	××市住建公司	终止时间	9:30	记录时间	2019.7.9	页次	1
施工过程	砌1砖厚单面清水墙		观察对象	张××(四级工)、王××(三级工)		1h	

号次	组成部分名称	时间/min（5 10 15 20 25 30 35 40 45 50 55 60）	时间小计/min
1	挂线		12
2	铲灰浆		22
3	铺灰浆		27
4	摆砖、砍砖		28
5	砌砖		31
	合计		120

附注

号次		产品数量	
1	挂线		
2	铲灰浆		
3	铺灰浆		
4	摆砖、砍砖		
5	砌砖	0.48m³	

观察者：张**

表 3-7　混合法写实记录表

工地名称	×××	开始时间	8:30	延续时间		调查页次	
施工单位名称	×××	终止时间	9:30	记录时间	2019.8.12	页次	1
施工过程	浇捣混凝土柱(机拌人捣)		观察对象	四级工：3人，三级工：3人			

号次	各组成部分名称	时间/min 5	10	15	20	25	30	35	40	45	50	55	60	时间小计/min
1	撒锹	2	1 2	2 1		2				1	1	2	1 2	78
2	捣固	2 4		2 1	2 1	4			3 4	2 1	1	4 2	3	148
3	转移		6 3	5 1 3	2 5 6					3 5 6 4	6 3	3		103
4	等混凝土			1				1			3	1		21
5	进行其他工作								1				1	10
	合计													360

附注

号次		产品数量
1	撒锹	1.85 m³
2	捣固	1.85 m³
3	转移	3次
4	等混凝土	
5	进行其他工作	

观察者：张××

　　Ⅰ　表中"号次"和"各组成部分名称"栏的填写与图示法相同。

　　Ⅱ　所测施工过程各组成部分的延续时间,用相应的直线段表示,完成该组成部分的工人人数用数字填写在其时间线段的始端上面。当某一组成部分的工人人数发生变动时,应立即将变动后的人数填写在变动处。当工人由一组成部分转向另一组成部分时,不作垂直线连接。

　　Ⅲ　"产品数量"和"附注"栏的填写方法与图示法相同。

　　Ⅳ　"时间小计"栏分别填入所测各个线段的总时间(即将工人人数与他们工作的时间相乘后累加),小计数之和填入"合计"。

　　(2)写实记录法的延续时间

　　与确定测时法的观察次数相同,为保证写实记录法的数据可靠性,需要确定写实记录法的延续时间。延续时间的确定,是指在采用写实记录法中任何一种方法进行测定时,对每个被测施工过程或同时测定两个以上施工过程所需的总延续时间的确定。

　　延续时间的确定,应立足于既不能消耗过多的观察时间,又能得到比较可靠和准确的结果。同时还必须注意所测施工过程的广泛性和经济价值、已经达到的工效水平的稳定程度;同时测定不同类型施工过程的数目;被测定的工人人数以及测定完成产品的可能次数等。写实记录法所需的延续时间如表3-8所示,必须同时满足表中三项要求,如其中任一项达不到最低要求,应酌情增加延续时间。

　　表3-8适用于一般施工过程。如遇到个别施工过程的单位产品所需消耗时间过长时,可适当减少表中测定完成产品的最低次数,同时还应酌情增加测定的总延续时间;如遇到个别施工过程的单位产品所需时间过短时,则应适当增加测定完成产品的最低次数,并酌情减少测定的总延续时间。

表3-8　写实记录法确定延续时间表

序　号	项　　目	同时测定施工过程的类型数	测定对象		
			单人的	集体的	
				2~3人	4人以上
1	被测定的个人或小组的最低数	任一数	3人	3个小组	2个小组
2	测定总延续时间的最小值(h)	1	16	12	8
		2	23	18	12
		3	28	21	24
3	测定完成产品的最低次数	1	4	4	4
		2	6	6	6
		3	7	7	7

　　例3-2　测定木窗框安装工程。同时测定两个类型(框周长分别为6m以内和8m以内)的施工过程,由3人组成的小组所完成,试确定写实记录法所需的总延续时间。

　　解　查阅表3-8第1项"集体的"的"2~3人"一栏,至少应测定3个木工小组。查阅表3-8第2项,同时测定两个类型的施工过程,由3人组成的小组完成时,测定的总延续时间最小值为 18 h。

按照一般的工效水平,完成这两个类型的产品,每一樘平均约需要 0.67 h 左右。在测定的总延续时间内,可能完成产品的次数为:18/0.67=27 次。

查阅表 3-8 第 3 项,同时测定两个类型的施工过程,组成的小组完成时,测定完成产品的次数应不少于 6 次,测定的总延续时间保持 18 h 完全满足要求。

例 3-3 测定板条墙面抹白灰砂浆(中级抹灰)的施工过程,由 4 人组成的小组完成,试确定写实记录法所需的总延续时间。

解 查阅表 3-8 第 1 项"4 人以上"一栏,至少应测定 2 个抹灰小组。查阅表 3-8 第 2 项,测定的施工过程为一个类型,4 人组成的小组完成时,测定的总延续时间最小值为 8 h。

按照一般的工效水平,这个小组完成一间房的墙面(44.8 m²)抹灰,平均约需 4.5 h 左右。在测定的总延续时间内,可能完成产品的次数为:8/4.5=2 次。

查阅表 3-8 第 3 项,测定的施工过程为一个类型,4 人组成的小组完成时,测定完成产品的最低次数应不少于 4 次。

显然,为了保证这一要求,上述测定的总延续时间(8 h)应增加到 2 倍即 16 h 左右方能满足要求。

例 3-4 同时测定水磨石地面的机磨和踢脚线的手磨两个施工过程,由 3 人组成的小组完成,试确定写实记录法的总延续时间。

解 查阅表 3-8 第 1 项"集体的"的"2~3 人"一栏,至少应测定 3 个抹灰工小组。查阅表 3-8 第 2 项,同时测定两个类型的施工过程时,由 3 人组成的小组完成时,测定的总延续时间最小值为 18 h。

按照一般的工效水平,这个小组完成一间房的地面(15 m²)和踢脚线磨光,平均约需 12 h 左右。在测定的总延续时间内,可能完成产品的次数为:18/12=1.5 次。

查阅表 3-8 第 3 项,同时测定两个类型的施工过程,由 3 人组成的小组完成时,测定完成产品的最低次数应不少于 6 次,即 12 h×6=72 h。

测定如此长的延续时间既不经济,也不易做到。因此,若将测定完成产品的最低次数调整为 3 次,测定的总延续时间为 36 h,这样在基本保证延续时间的要求下,又能省时。

(3) 写实记录时间的汇总整理

汇总整理就是将写实记录法所取得的若干原始记录表记载的工作时间消耗和完成产品数量进行汇总,并分析其影响因素,调整各组成部分不合理的时间消耗,最终确定出单位产品所必需的时间消耗量。

汇总整理的结果填入汇总整理表(表 3-9),此表分为正、反两面,共三个部分。第一部分(正面)为各组成部分工作时间消耗的汇总,第二部分(反面的上半部)为汇总整理结果,第三部分(反面的下半部)为汇总整理有关说明。其汇总整理的方法和顺序如下:

① 第一部分。表中第"二"栏,填写各组成部分的名称。顺序是:基本工作时间、辅助工作时间、不可避免的中断时间、准备与结束时间、休息时间、损失时间。各类时间应列出合计。

第"三"栏,根据写实表中各组成部分工作时间消耗量合计进行填写,并应做好工时分类合计和全部消耗时间总计。

表3-9　写实记录汇总整理表(正面)

施工单位名称	工地名称	日　期	开始时间	终止时间	延续时间	调查号次	页　次
市建一公司	×××商住楼	2016.8.21	8:00	18:00	8 h	1	2

施工过程名称:砌1砖厚单面清水墙(3人小组)

序号	各组成部分名称	时间消耗/min	与全部时间的百分比	计量单位名称(按组成部分)	计量单位名称(按最终产品)	产品完成数量(组成部分的)	产品完成数量(最终产品的)	组成部分的平均时间消耗/min	换算系数(实际)	换算系数(调整)	单位产品的平均时间消耗/min(实际)	单位产品的平均时间消耗/min(调整)	占单位产品时间消耗的百分比	附　注
一	二	三	四	五	六	七	八	九	十	十一	十二	十三	十四	
1	拉线	28	1.94	次	m³	9	6.41	3.11	1.40	2.81	4.35	8.74	3.90	(1) 本资料拉线、每砌两皮砖拉一次,不符合操作规程,故换算系数应调整为2.81 (2) 清扫墙面换算系数为1/0.24=4.17
2	砌砖(包括铺砂浆)	1186	82.36	m³		6.41		185.02	1	1	185.02	185.02	82.65	
3	检查砌体	41	2.85	次		7		5.86	1.09	1.09	6.39	6.39	2.85	
4	清扫墙面	37	2.57	m³		21		1.76	3.28	4.17	5.77	7.34	3.28	
	基本工作时间和辅助工作时间合计	1 292	89.72								201.53	207.49	92.68	
5	准备与结束工作	29	2.01								4.52	4.52	2.02	
6	休息	76	5.28								11.86	11.86	5.30	
	定额时间合计	1 397	97.01								217.91	223.87	100	
7	等灰浆	19	1.32								2.96			
8	进行其他工作	24	1.67								3.74			
	非定额时间合计	43	2.99								6.70			
	消耗时间总耗	1 440	100								224.61			

表 3 - 9 写实记录汇总整理表（反面）

完成产品数量	计量单位	时间消耗/工日						每工产量			附注
		全部量		单位产品平均时间消耗							
		实际	调整	实际	调整	实际	调整	实际	调整		
十五	十六	十七	十八	十九	二十			二十一	二十二		
6.41	m³	3	3.08	0.468	0.480			2.14	2.08		

汇总整理说明：

1. 本资料每工工日为 8 h。

2. 本资料没有观察到清理工作地点，使用本资料时应予以适当考虑。

3. 等砂浆和进行其他工作属于组织安排不当，消耗时间已全部强化。

4. 本资料施工条件正常，工人劳动积极，可供编制工程定额参考。

第"四"栏,各组成部分工时消耗数除以消耗时间总计数而得。

第"五～八"栏,根据写实记录表汇总后填入。

第"九"栏,用各组成部分的第"三"栏的数字除以第"七"栏的数字而得。

表中"换算系数"是指将各组成部分的产量,换算为最终单位产品时的系数。此系数用于计算单位产品中各组成部分所必需的消耗时间。换算系数的计算方法为各组成部分完成的产量除以最终产品数量而得。如个别组成部分无完成产量者,第"十"栏可不予填写。

$$换算系数 = \frac{各组成部分完成产量(第"七"栏的数字)}{最终产品数量(第"八"栏的数字)}$$

第"十一"栏,这是在汇总整理中需要认真分析研究的,要详细分析第"十"栏各组成部分的换算系数是否符合实际,如发现其不合理、不实际、不符合技术要求,则应予以调整,将调整后的系数填入本栏中,并应将调整的依据和计算方法写在"附注"栏里。如此无须调整时,则仍按第"十"栏的系数填入。例如本资料的"拉线"这一组成部分,工人在实际操作中是每砌两皮砖拉一次线,按照操作规程的要求应每砌一皮砖拉一次线。因此,根据实砌皮数将"十一"栏换算系数调整为 2.81(18 皮砖)。

第"十二"栏,填写第"九"栏的数字与第"十"栏的数字的乘积,第"十三"栏填写第"九"栏的数字与第"十一"栏的数字的乘积。如个别组成部分无换算系数者,则应将该组成部分的第"三"栏的数字除以第"八"栏的数字,填入"十二"栏。如果准备与结束时间和休息时间不合理者,应予以调整,将调整后的数字填入"十三"栏,并将调整的依据记入"附注"栏中。

第"十四"栏,用第"十三"栏各组成部分的时间消耗除以本栏定额时间合计后,按百分比数字填入。

② 第二部分。汇总整理结果,填写的主要内容是,根据第一部分的汇总资料,整理时间工日消耗。

第"十五"栏和第"十六"栏按最终产品的完成数量和计量单位填写。

第"十七"栏将本表(正面)第"三"栏时间消耗总计数折算为工日数后填入。消耗时间总计值 1 440 min 除以 (8×60) min,即 $1\,440/(8 \times 60) = 3$ 工日。

第"十八"栏,填写调整后的全部工作时间消耗数,将本表(正面)第"八"栏的数乘以第"十三"栏的单位产品必须消耗时间合计数并折算为工日数填入。如调整后时间消耗=砌砖数量×调整后单位产品平均时间消耗。调整后定额时间消耗合计=6.41×223.87 min=1 435 min,调整后非定额时间消耗合计=6.41×6.7 min=43 min;调整后全部工时消耗量=$[1\,478/(8 \times 60)]$工日=3.08 工日。

第"十九"栏,将"十七"栏实际消耗时间数除以第"十五"栏完成产品数量得出的数值填入。

第"二十"栏,将第"十八"栏调整后的全部工作时间消耗数除以第"十五"栏的完成产品数量后填入。

第"二十一"栏和第"二十二"栏,分别为第"十九"栏和第"二十"栏的倒数。

③ 第三部分。汇总整理说明的主要内容包括:调整所测施工过程各组成部分时间消耗的技术依据和具体计算方法;准备与结束时间和休息时间的确定,强化不合理时间消耗的理由;测定者对本资料的估价及其他有关事项。

这种表格适用于整理非循环施工过程的资料,对于整理循环过程资料时,可以用选择法测时记录表(见测时法)进行整理。

(4)写实结果的综合分析

在汇总整理的基础上还应加以综合分析研究,以确定其可靠性和准确性。由于所测的资料往往由于施工过程中各类因素的影响,其时间消耗不尽一致,有时甚至差异很大。因此这就需要对同一施工过程的测定资料,根据不同的操作对象、施工条件进行分析研究,加以综合考虑,以便提供更加完善、更加合理、更加准确的技术数据。在进行综合分析时,要求各份资料的工作内容齐全,使用的工具、机械和操作方法及其有关的主要因素基本一致。否则,不能进行综合。写实记录综合分析见表3-10。

① 将所测定的施工过程的各份资料中调查的主要因素和汇总整理的资料,按综合分析表的要求逐项进行填写。其中,"组成部分的平均时间消耗""换算系数""单位产品时间消耗"及"各组成部分占单位产品时间的百分比"等栏,分别按汇总整理表(正面)第"九"栏、"十一"栏、"十三"栏、"十四"栏填写。各份资料应依次填入。

② 根据各份资料调查的主要因素,经过分析研究后,拟定出符合现行工程定额规定的正常施工条件填入本表"结论"栏中。

③ 将各份资料的工作时间消耗进行分析汇总。

Ⅰ 结论栏中"组成部分的平均时间消耗",为各份资料组成部分的平均时间消耗之和除以资料份数而得。

Ⅱ "结论"栏中的换算系数,应根据各份资料的系数分析研究确定。可采用各份资料换算系数的平均值,也可选用具有代表性的某份资料的换算系数。如与原来系数有变动者,应将变动的原因和依据予以说明。

Ⅲ "结论"栏中的"单位产品时间消耗",为"结论"栏中"组成部分的平均时间消耗"乘以"换算系数"而得。

Ⅳ "结论"栏中的各组成部分"占单位产品时间消耗百分比",计算方法与前所述同。

(三)工作日写实法

工作日写实法是一种研究整个工作班内的各种工时消耗的方法。运用工作日写实法主要有两个目的,一是为了取得编制定额的基础资料;二是为了检查定额的执行情况,找出缺点,改进工作。

(1)工作日写实法的分类

根据写实对象的不同,工作日写实法可分为个人工作日写实、小组工作日写实和机械工作日写实三种。

① 个人工作日写实法是观察、测定一个工人在一个工作日内的全部工时消耗,这种方法最为常用。

② 小组工作日写实是测定同一个小组的工人在工作日内的工时消耗,它可以是相同工种的工人,也可以是不同工种的工人。前者是为了取得同工种工人的工时消耗资料,后者则主要是为了取得确定小组定员和改善劳动组织的资料。

③ 机械工作日写实是测定某一机械在一个台班内机械效能发挥的程度以及配合工作的劳动组织是否合理,其目的在于最大限度地发挥机械的效能。

表 3 - 10 写实记录综合分析表

分析汇总表		施工单位名称	×××市建二公司	编制日期	2018.9
	观察日期	2018.9.12	施工过程名称：砌 1 砖厚单面清水墙		
			2018.9.13	2018.9.14	结论
	观察的延续时间	8 h	7 h 35 min	5 h 53 min	
各次观察中因素的实况	工作地点特征	在平地上操作	在两排脚手架上操作	在三排脚手架上操作	一般宿舍楼，在三步架以内操作
	工作段的结构特征	门窗洞四个、窗盘、线角	门窗洞四个、线角留槎	两个砖垛	有门窗洞口、线角、砖垛、墙面艺术形式 10%以内
	工作组织	三人分段操作	二人分段操作	三人分段操作	三人分段进行操作
	劳动组织	六级工-1,四级工-1,三级工-1	四级工-2	四级工-2,三级工-1	六级工-1,四级工-1,三级工-1
	机器、工具的状况	使用一般手工工具	使用一般手工工具	使用一般手工工具	泥刀、线锤、麻线等一般工具
	使用材料说明	M2.5 混合砂浆,标准砖	M2.5 混合砂浆,标准砖	M2.5 混合砂浆,标准砖	M2.5 混合砂浆,标准砖
	质量情况	符合要求	符合要求	墙面垂直平整,灰浆不够饱满	墙面垂直平整,灰浆饱满,符合要求
	完成产品的数量(单位)	6.41 m³	5.15 m³	3.99 m³	

续表

号次	各工序或操作名称	单位	组成部分的平均时间消耗	换算系数	单位产品的时间消耗	占单位产品时间的百分比	各工序或操作的平均时间消耗	换算系数	单位产品的时间消耗	占单位产品时间的百分比	组成部分的平均时间消耗	换算系数	单位产品的时间消耗	占单位产品时间的百分比	组成部分的平均时间消耗	换算系数	单位产品的时间消耗	占单位产品时间的百分比
1	拉线	次	3.11	2.81	8.74	3.90	2	0.19	0.38	0.22	1.08	3.01	3.25	1.92	2.06	2.81	5.19	2.89
2	砌砖（包括铺砂浆）	m³	185.02	1.00	185.02	82.65	168.92	1.00	168.92	96.45	146.08	1.00	146.08	86.49	166.67	0.00	166.67	83.21
3	检查砌体	次	5.86	1.09	6.39	2.85	1.70	1.94	3.30	1.88	1.62	3.26	5.28	3.13	3.06	2.10	6.43	3.21
4	清扫墙面	m²	1.76	4.17	7.34	3.28	0.65	3.30	2.15	1.23	1.45	4.15	6.02	3.56	1.29	4.17	5.38	2.69
5	基本和辅助时间合计				207.49	92.68			174.75	99.78			160.63	95.10			184.27	92.00
6	准备与结束时间				4.52	2.02							4.26	2.52			4.01	2.00
7	休息				11.86	5.30			0.39	0.22			4.01	2.38			12.02	6.00
8																		
9																		
10																		
11																		
12																		
13																		
14																		
15	定额时间合计				223.87	100			175.14	100			168.90	100			200.30	100

准备与结束时间按6%确定，休息时间按2%，休息与辅助工作时间为92%，定额时间为：184.27/0.92＝200.30

（2）个人工作日写实的步骤

个人工作日写实是使用较广的方法，一般分为准备、观察写实、分析整理等三个阶段进行。小组和机械工作日写实法也与此类同。

① 准备阶段。了解写实对象的技术等级、工种、文化程度等情况；了解机器设备的性能、维修保养、使用年限等情况；了解劳动分工、工种配备、工作地点的供应等生产和劳动组织的状况。明确写实目的，正确选择写实对象；确定工时消耗的分类。向工人讲清工作日写实的目的和意义，取得写实对象的支持和配合。

② 观察写实阶段。这个阶段主要是按工时消耗的次序进行实地观察与写实。要求将工作日（工作班）全部所有的活动情况，原原本本地记录在"个人工作日写实记录表"上。

③ 分析整理阶段。主要是把观察写实阶段获得的资料，进一步加以分析整理。

（3）工作日写实法的基本要求

① 因素登记。工作日写实主要是研究工时的利用和损失，在填写因素时，应简明扼要地对施工过程的组织和技术进行说明。

② 时间记录。工作日写实法采用的表格及记录方法与写实记录法相同。一般个人工作日写实采用图示法写实记录表或数示法写实记录表，小组工作日写实采用混合法写实记录表，机械工作日写实采用混合法或数示法写实记录表。

③ 延续时间。工作日写实法的总延续时间不应低于一个工作日，如其完成产品的时间消耗大于 8 h，则应酌情延长观察时间。

④ 工作日写实法的观察次数。

工作日写实观察次数应根据不同目的的要求确定。当为了取得编制定额的基础资料时，工作日写实的结果要获得观察对象在工作班内工时消耗的全部情况，以及产品数量和影响工时消耗的影响因素。其中，工时消耗应该按工时消耗的性质分类记录。在这种情况下，通常需要测定 3～4 次。当为了检查定额的执行情况，找出缺点，改进工作时，通过工作日写实应该做到查明工时损失量和引起工时损失的原因，制订消除工时损失，改善劳动组织和工作地点组织的措施，查明熟练工人是否能发挥自己的专长，确定合理的小组编制和合理的小组分工；确定机械在时间利用和生产率方面的情况，找出使用不当的原因，订出改善机械使用情况的技术组织措施，计算工人或机械完成定额的实际百分比和可能百分比。在这种情况下，通常需要测定 1～3 次。如果是为了总结先进工人的工时利用经验，测定 1～2 次为宜。

（4）工作日写实结果的整理和汇总

工作日写实的研究对象是工作日内全部工时的利用和损失，工作日写实结果的整理，采用专门的工作日写实法结果表（表 3-11），记录时间时不需要将有效工作时间分为各个组成部分，只需划分适合于技术水平和不适合于技术水平两类。但是工时消耗还需按性质分类记录。

① 表中"工时消耗分类"栏，按定额时间和非定额时间的分类预先印好。整理资料时，应按本表的分类要求汇总填写，非定额时间的类别本表未包括者，可填入其他损失时间栏里，并将造成非定额时间的原因注明。无论进行哪一种工作日写实，均应统计所完成的产品数量。

表 3-11 工作日写实法结果表

施工单位名称	测定日期	延续时间	调查次号	页 次
二公司	××年××月××日	8 h 30 min		
施工过程	钢筋混凝土直形墙模板安装			

工时消耗表

序号	工时消耗分类	时间消耗（min）	百分比（%）	施工过程中的问题及建议
一、定额时间				
1	基本工作时间:适于技术水平的	1.198	74.5	
2	不适于技术水平的			本资料造成非定额时间的原因主要是:
3	辅助工作时间	53	3.3	1. 劳动组织不合理,开始由三人操作,中途又增加一人,在实际工作中经常出现一人等工的现象。
4	准备与结束时间	14	0.87	2. 等材料,上班后领材料时未找到材料员,而造成等工。
5	休息时间	12	0.75	
6	不可避免中断时间	9	0.58	3. 产品不符合质量要求返工,由于技术交底马虎,工人对产品规格要求也未真正弄清楚,结果造成返工。
7	合计	1 286	80	
二、非定额时间				4. 违反劳动纪律。主要是迟上班和工作时间闲谈。
8	由于劳动组织的缺点而停工	19	1.18	建议:
9	由于缺乏材料而停工	102	6.34	切实加强施工管理工作,班前要认真做好技术交底,职能人员要坚守岗位,保证材料及时供应,并预先办好领料手续、提前领料,科学地按定额规定每工应完成的产量结合工人实际工效安排劳动力,加强劳动纪律教育,按时上班,集中思想工作。经认真改善后,劳动效率可提高 25% 左右。
10	由于工作地点未准备好而停工			
11	由于机具设备不正常而停工			
12	产品质量不符返工	132	8.21	
13	偶然停工(停水、停电、暴风雨)			
14	违反劳动定额	69	4.27	
15	其他损失时间			
16	合计	322	20	
17	消耗时间总计	1 608	100	
	完成产品数量	52.15 m²		
	生产率:实际:1 608/(60×8×52.15)=0.064 工日/m² 可能:1 286/(60×8×52.15)≒0.051 工日/m²			可能提高:(0.064/0.051−1)×100%=25%

② "施工过程中的问题与建议"栏,应根据工作日写实记录资料,分析造成非定额时间的有关因素,并注意听取有关技术人员、施工管理人员和工人的意见,提出切实可行、有效的技术与组织措施的建议。

③ 工作日写实结果表的主要内容填写步骤为:

Ⅰ 根据观测资料将定额时间和非定额时间的消耗(以 min 为单位)填入时间消耗栏内,并分别合计和总计。

Ⅱ根据各定额时间和非定额时间的消耗量和时间总消耗量分别计算各部分的百分比。

Ⅲ将工作日内完成产品的数量统计后,填入完成情况表中的完成产品数量。

Ⅳ将施工过程中的问题与建议填入表内。

④ 工作日写实结果汇总

工作日写实结果汇总表(表3-12)将同一工作,不同施工过程的时间消耗百分率汇总在一张表上,供编制工程定额时使用。

表 3 - 12　工作日写实结果汇总表

施工单位名称		三公司三处	工　种		木　　工			
序号	工时消耗分类	测定日期	2018.5.25	2018.5.28	2018.6.3	2018.6.12	加权平均数	附注
		延续时间	8 h 30 min	8 h	8 h	8 h		
		施工过程名称	直形墙模板安装	基础模板安装	杯形柱基模板安装	杯形柱基模板安装		
		班(组)长姓名	×××	×××	×××	×××		
		班(组)人数	3	2	3	4		
	一、定额时间							
1	基本工作时间:适于技术水平的		74.5	75.91	62.8	91.22	77.38	
2	不适于技术水平的							
3	辅助工作时间		3.30	1.88	2.35	1.48	2.22	
4	准备与结束时间		0.87	1.9	2.6	0.56	1.37	
5	休息时间		0.75	3.77	2.98	4.18	2.95	
6	不可避免中断时间		0.58				0.15	
7	合计		80.0	83.46	70.73	97.44	84.07	
	二、非定额时间							
8	由于劳动组织的缺点而停工		1.18	7.74			1.59	
9	由于缺乏材料而停工		6.34		12.4		4.69	
10	由于工作地点未准备好而停工			3.52	5.91		2.06	
11	由于机具设备不正常而停工							
12	产品质量不符返工		8.21	5.28		1.6	3.47	
13	偶然停工(停电、停水、暴风雨)				3.24		0.8	
14	违反劳动纪律		4.27		7.72	0.96	3.32	
15	其他损失时间							
16	合计		20	16.54	29.27	2.56	15.93	
17	消耗时间总计		100	100	100	100	100	

表中加权平均值的计算方法为

$$\overline{X} = \frac{\sum R\beta}{\sum R}$$

式中 $\overline{X}$——算术平均值

R——各工作日写实表中的人数

β——各类工时消耗百分比

工作日写实法与测时法、写实记录法相比较,具有技术简便、费力不多、应用面广和资料全面的优点,在我国是一种采用较广的编制定额的方法。工作日写实法的缺点:由于有观察人员在场,即使在观察前做了充分准备,仍不免在工时利用上有一定的虚假性;工作日写实法的观察工作量较大,费时较多,费用亦高。

例3-5 表3-12中,各工作日写实结果中的人数分别为3人、2人、3人、4人,基本工作时间消耗的百分率为74.5%、75.91%、62.80%、91.22%,求加权平均百分率。

解 $\overline{X} = \dfrac{\sum R\beta}{\sum R} = \dfrac{3\times74.5\% + 2\times75.91\% + 3\times62.80\% + 4\times91.22\%}{3+2+3+4} = 77.38\%$

任务3 人工定额消耗量的确定

一、人工消耗定额的概念

人工消耗定额即劳动消耗定额,简称劳动定额或人工定额,它是规定在一定生产技术组织条件下,完成单位合格产品所必需的劳动消耗量的标准,按其表示形式有时间定额和产量定额两种,拟定出时间定额,也就可以计算出产量定额。

(一)时间定额

时间定额是指在一定的生产技术和生产组织条件下,某工种、某种技术等级的工人小组或个人,完成单位合格产品所必须消耗的工作时间,包括工人的有效工作时间、必需的休息时间和不可避免的中断时间。时间定额以工日为单位,每个工日按八小时计算。

$$单位产品时间定额(工日) = \frac{1}{每日产量} \tag{3-1}$$

或

$$单位产品时间定额(工日) = \frac{小组成员工日数的总和}{台班产量(班组完成产品数量)} \tag{3-2}$$

(二)产量定额

产量定额是指在一定的生产技术和生产组织条件下,某工种、某技术等级的工人小组或个人,在单位时间(工日)完成合格产品的数量。产量定额的计量单位,是以单位时间的产品计量单位表示,如立方米(m³)、平方米(m²)、吨(t)、块、根等。

$$产量定额（工日）= \frac{1}{单位产品时间定额（工日）} \qquad (3-3)$$

或

$$台班产量 = \frac{小组成员工日数的总和}{单位产品时间定额（工日）} \qquad (3-4)$$

二、人工定额消耗量确定的基本方法

在全面分析了各种影响因素的基础上，通过计时观察资料，我们可以获得定额的各种必需消耗时间。将这些时间进行归纳，有的是经过换算，有的是根据不同的工时规范附加，最后把各种定额时间加以综合和类比就是整个工作过程的人工消耗的时间定额。

（一）确定工序作业时间

根据计时观察资料的分析和选择，我们可以获得各种产品的基本工作时间和辅助工作时间，将这两种时间合并称之为工序作业时间。它是产品主要的必须消耗的工作时间，是各种因素的集中反映，决定着整个产品的定额时间。

（1）拟定基本工作时间

基本工作时间在必需消耗的工作时间中占的比重最大。在确定基本工作时间时，必须细致、精确。基本工作时间的消耗根据计时观察资料确定。其做法是：首先确定施工过程每一组成部分的工时消耗，然后再综合出工作过程的工时消耗。如果组成部分的产品计量单位和工作过程的产品计量单位不符，就需先求出不同计量单位的换算系数，进行产品计量单位的换算，然后再相加，求得工作过程的工时消耗。

① 各组成部分与最终产品单位一致时的基本工作时间计算。此时，单位产品基本工作时间就是施工过程各个组成部分作业时间的总和，计算公式为

$$T_1 = \sum_{i-1}^{n} t_i \qquad (3-5)$$

式中 T_1——单位产品基本工作时间

t_i——各组成部分的基本工作时间

n——各组成部分的个数

② 各组成部分单位与最终产品单位不一致时的基本工作时间计算。此时，各组成部分基本工作时间应分别乘以相应的换算系数。计算公式为：

$$T_1 = \sum_{i-1}^{n} k_i \times t_i \qquad (3-6)$$

式中 k_i——对应于 t_i 的换算系数。

例 3-6　砌砖墙勾缝的计量单位是平方米，但若将勾缝作为砌砖墙施工过程的一个组成部分对待，即将勾缝时间按砌墙厚度及砌体体积计算，设每平方米墙面所需的勾缝时间为 10 min，试求各种不同墙厚每立方米砌体所需的勾缝时间。

解　（1）1 砖厚的砖墙，其每立方米砌体墙面面积的换算系数为 $\frac{1}{0.24} = 4.17(\text{m}^2)$

则每立方米体所需的勾缝时间是：$4.17 \times 10 = 41.7(\text{min})$

(2) 标准砖规格为 240 mm×115 mm×53 mm,灰缝宽 10 mm,

故一砖半墙的厚度＝0.24+0.115+0.01=0.365(m)

一砖半厚的砖墙,其每立方米体墙面面积的换算系数为 $\frac{1}{0.365}=2.74(m^2)$

则每立方米砌体所需的勾缝时间是:2.74×10＝27.4(min)

(2) 拟定辅助工作时间

辅助工作时间的确定方法与基本工作时间相同。如果在计时观察时不能取得足够的资料,也可采用工时规范或经验数据来确定。如具有现行的工时规范,可以直接利用工时规范中规定的辅助工作时间的百分比来计算。举例见表 3-13。

表 3-13　木作工程各类辅助工作时间的百分率参考表

工作项目	占工序作业时间(%)	工作项目	占工序作业时间(%)
磨刨刀	12.3	磨线刨	8.3
磨槽刨	5.9	锉锯	8.2
磨凿子	3.4		

(二) 确定规范时间

规范时间内容包括工序作业时间以外的准备与结束时间、不可避免中断时间以及休息时间。

(1) 确定准备与结束时间

准备与结束工作时间分为工作日和任务两种。任务的准备与结束时间通常不能集中在某一个工作日中,而要采取分摊计算的方法,分摊在单位产品的时间定额里。

如果在计时观察资料中不能取得足够的准备与结束时间的资料,也可根据工时规范或经验数据来确定。

(2) 确定不可避免的中断时间

在确定不可避免中断时间的定额时,必须注意由工艺特点所引起的不可避免中断才可列入工作过程的时间定额。

不可避免中断时间也需要根据测时资料通过整理分析获得,也可以根据经验数据或工时规范,以占工作日的百分比表示此项工时消耗的时间定额。

(3) 拟定休息时间

休息时间应根据工作班作息制度、经验资料、计时观察资料,以及对工作的疲劳程度做全面分析来确定。同时,应考虑尽可能利用不可避免中断时间作为休息时间。

规范时间均可利用工时规范或经验数据确定,常用的参考数据可如表 3-14 所示。

表 3-14　准备与结束、休息、不可避免中断时间占工作班时间的百分率参考表

序号	工种　　　时间分类	准备与结束时间占工作时间(%)	休息时间占工作时间(%)	不可避免中断时间占工作时间(%)
1	材料运输及材料加工	2	13~16	2
2	人力土方工程	3	13~16	2

续　表

序号	时间分类／工种	准备与结束时间占工作时间(%)	休息时间占工作时间(%)	不可避免中断时间占工作时间(%)
3	架子工程	4	12～15	2
4	砖石工程	6	10～13	4
5	抹灰工程	6	10～13	3
6	手工木作工程	4	7～10	3
7	机械木作工程	3	4～7	3
8	模板工程	5	7～10	3
9	钢筋工程	4	7～10	4
10	现浇混凝土工程	6	10～13	3
11	预制混凝土工程	4	10～13	2
12	防水工程	5	25	3
13	油漆玻璃工程	3	4～7	2
14	钢制品制作及安装工程	4	4～7	2
15	机械土方工程	2	4～7	2
16	石方工程	4	13～16	2
17	机械打桩工程	6	10～13	3
18	构件运输及吊装工程	6	10～13	3
19	水暖电气工程	5	7～10	3

（三）拟定定额时间

确定的基本工作时间、辅助工作时间、准备与结束工作时间、不可避免中断时间与休息时间之和，就是劳动定额的时间定额。根据时间定额可计算出产量定额，时间定额和产量定额互成倒数。

利用工时规范，可以计算劳动定额的时间定额。计算公式如下：

$$工序作业时间＝基本工作时间＋辅助工作时间 \qquad (3-7)$$

$$规范时间＝准备与结束工作时间＋不可避免的中断时间＋休息时间 \qquad (3-8)$$

$$工序作业时间＝基本工作时间＋辅助工作时间$$
$$＝基本工作时间/(1－辅助时间\%) \qquad (3-9)$$

$$定额时间＝\frac{工序作业时间}{1－规范时间\%} \qquad (3-10)$$

例 3-7　通过计时观察资料得知：人工挖二类土 1 m³ 的基本工作时间为 6 h，辅助工作时间占工序作业时间的 2%。准备与结束工作时间、不可避免的中断时间、休息时间分别占工作时间的 3%、2%、18%。则该人工挖二类土的时间定额是多少？

解　基本工作时间＝6 h＝0.75(工日/m³)

工序作业时间＝0.75/(1－2%)＝0.765(工日/m³)

时间定额＝0.765/(1－3%－2%－18%)＝0.994(工日/m³)

任务4　机械台班消耗量定额的确定

机械台班消耗定额包括机械台班消耗定额和仪器仪表台班消耗定额,二者的确定方法大体相同,本部分主要介绍机械台班定额消耗量的确定。

一、施工机械台班消耗定额的概念

施工机械台班消耗定额,简称机械台班定额,是指施工机械在正常的施工条件下,合理地均衡组织劳动和使用机械时,该机械在单位时间内的生产效率。施工机械台班定额按其表现形式不同,可以分为机械时间定额和机械台班产量定额两种。

(一)机械时间定额

机械时间定额是指在合理的劳动组织与合理使用机械条件下,生产某一单位合格产品所必须消耗的机械台班数量。计算单位用"台班"来表示。工人使用一台机械,工作一个班称为一个台班,它既包括机械本身的工作,又包括使用该机械的工人的工作。

(二)机械台班产量定额

机械台班产量定额是指在合理的劳动组织与合理使用机械条件下,规定某种机械设备在单位时间内,必须完成的合格产品的数量。其计量单位是以产品的计量单位来表示的。

二、机械台班定额消耗量确定的基本方法

(一)确定机械1h纯工作正常生产率

机械纯工作时间,就是指机械的必需消耗时间。机械1h纯工作正常生产率,就是在正常施工组织条件下,具有必需的知识和技能的技术工人操纵机械1h的生产率。

根据机械工作特点的不同,机械1h纯工作正常生产率的确定方法,也有所不同。

(1)对于循环动作机械,确定机械纯工作1h正常生产率的计算公式如下:

$$机械一次循环的正常延续时间＝\sum(循环各组成部分正常延续时间)－交叠时间$$

$$(3－11)$$

$$机械纯工作1h正常循环次数＝\frac{60×60(s)}{一次循环的正常延续时间} \quad (3－12)$$

$$\begin{matrix}机械纯工作1h\\正常生产率\end{matrix}＝\begin{matrix}机械纯工作1h\\正常循环次数\end{matrix}×\begin{matrix}一次循环生产的\\产品数量\end{matrix} \quad (3－13)$$

(2)对于连续动作机械,确定机械纯工作1h正常生产率要根据机械的类型和结构以及工作过程的特点来进行。计算公式如下:

$$连续动作机械纯工作1h正常生产率＝\frac{工作时间内生产的产品数量}{工作时间(h)} \quad (3－14)$$

工作时间内的产品数量和工作时间的消耗,要通过多次现场观察和机械说明书来取得数据。

(二)确定施工机械的正常利用系数

确定施工机械的时间利用系数,是指机械在一个台班内的净工作时间与工作班延续时间之比。机械的时间利用系数和机械在工作班内的工作状况有着密切的关系。所以,要确定机械的时间利用系数。首先要拟定机械工作班的正常工作状况,保证合理利用工时。机械时间利用系数的计算公式如下:

$$机械时间利用系数 = \frac{机械在一个工作班内纯工作时间}{一个工作班延续时间(8\ h)} \qquad (3-15)$$

(三)计算施工机械台班定额

计算施工机械台班定额是编制机械定额工作的最后一步。在确定了机械工作正常条件、机械 1 h 纯工作正常生产率和机械时间利用系数之后,采用下列公式计算施工机械的产量定额:

$$\begin{array}{c}施工机械台班\\产量定额\end{array} = \begin{array}{c}机械 1\ h 纯工作\\正常生产率\end{array} \times \begin{array}{c}工作班纯\\工作时间\end{array} \qquad (3-16)$$

或

$$\begin{array}{c}施工机械台班\\产量定额\end{array} = \begin{array}{c}机械 1\ h 纯工作\\正常生产率\end{array} \times \begin{array}{c}工作班\\延续时间\end{array} \times \begin{array}{c}机械时间\\利用系数\end{array} \qquad (3-17)$$

$$施工机械时间定额 = \frac{1}{机械台班产量定额指标} \qquad (3-18)$$

例 3-8　某工程现场采用出料容量 500 L 的混凝土搅拌机,每一次循环中,装料、搅拌、卸料、中断需要的时间分别为 1 min、3 min、1 min、1 min,机械正常利用系数为 0.9,求该机械的台班产量定额。

解　该搅拌机一次循环的正常延续时间 = 1+3+1+1 = 6(min) = 0.1(h)

该搅拌机纯工作 1 h 循环次数 = 10(次)

该搅拌机纯工作 1 h 正常生产率 = 10×500 = 5 000(L) = 5(m³)

该搅拌机台班产量定额 = 5×8×0.9 = 36(m³/台班)

任务 5　材料定额消耗量的确定

一、材料的分类

合理确定材料消耗定额,必须研究和区分材料在施工过程中的类别。

（一）根据材料消耗的性质划分

施工中材料的消耗可分为必需消耗的材料和损失的材料两类。

必需消耗的材料，是指在合理用料的条件下，生产合格产品所需消耗的材料。它包括：直接用于建筑和安装工程的材料；不可避免的施工废料；不可避免的材料损耗。

必需消耗的材料属于施工正常消耗，是确定材料消耗定额的基本数据。其中：直接用于建筑和安装工程的材料，编制材料净用量定额；不可避免的施工废料和材料损耗，编制材料损耗定额。

（二）根据材料消耗与工程实体的关系划分

施工中的材料可分为实体材料和非实体材料两类。

（1）实体材料，是指直接构成工程实体的材料。它包括工程直接性材料和辅助材料。工程直接性材料主要是指一次性消耗、直接用于工程上构成建筑物或结构本体的材料，如钢筋混凝土柱中的钢筋、水泥、砂、碎石等；辅助性材料主要是指虽然也是施工过程中所必需，却并不构成建筑物或结构本体的材料。如土石方爆破工程中所需的炸药、引信、雷管等。主要材料用量大，辅助材料用量少。

（2）非实体材料，是指在施工中必须使用但又不能构成工程实体的施工措施性材料。非实体材料主要是指周转性材料，如模板、脚手架等。

二、材料消耗定额的概念

材料消耗定额是指在节约与合理使用材料的条件下，生产单位合格产品所必需消耗的一定规格的建筑材料、半成品或配件的数量标准，包括材料的净用量和必要的工艺性损耗量。

三、确定材料消耗量的基本方法

确定实体材料的净用量定额和材料损耗定额的计算数据，是通过现场技术测定、实验室试验、现场统计和理论计算等方法获得的。

（一）现场技术测定法

又称为观测法，是根据对材料消耗过程的测定与观察，通过完成产品数量和材料消耗量的计算，而确定各种材料消耗定额的一种方法。现场技术测定法主要适用于确定材料损耗量，因为该部分数值用统计法或其他方法较难得到。通过现场观察，还可以区别出哪些是可以避免的损耗，哪些是属于难于避免的损耗，明确定额中不应列入可以避免的损耗。

（二）实验室试验法

主要用于编制材料净用量定额。通过试验，能够对材料的结构、化学成分和物理性能以及按强度等级划分的混凝土、砂浆、沥青、油漆等配比做出科学的结论，给编制材料消耗定额提供出有技术根据的、比较精确的计算数据。但其缺点在于无法估计到施工现场某些因素对材料消耗量的影响。在定额实际运用中，应考虑施工现场条件和各种附加的损耗数量。

（三）现场统计法

是以施工现场积累的分部分项工程使用材料数量、完成产品数量、完成工作原材料的剩余数量等统计资料为基础，经过整理分析，获得材料消耗的数据。

该方法的基本思路为：某分项工程施工时共领料 N_0，项目完工后，退回材料的数量为 ΔN_0，则用于该分项工程上的材料数量为：

$$N = N_0 - \Delta N_0 \tag{3-19}$$

若该产品的数量为 n，则该单位产品的材料消耗量为：

$$m = \frac{N}{n} = \frac{N_0 - \Delta N_0}{n} \tag{3-20}$$

这种方法比较简易易行，但由于不能分清材料消耗的性质，因而不能作为确定材料净用量定额和材料损耗定额的依据，只能作为编制定额的辅助性方法使用。

（四）理论计算法

理论计算法是根据施工图和建筑构造要求，用理论计算公式计算出产品的材料净用量的方法。这种方法较适合于不易产生损耗，且容易确定废料的材料消耗量的计算。在实际运用中还需确定各种材料的损耗量，与材料净用量相加才能得到材料的总耗用量。

建筑工程材料耗用量的计算是通过以上某种方法或几种方法相结合来确定的。下面主要说明如何用理论计算法来确定实体材料的耗用量。

（1）砌筑类材料用量计算

砌筑类材料主要由砌块（包括标准砖、多孔砖、空心砖及各种砌块）和砌筑砂浆（包括水泥砂浆、石灰砂浆、混合砂浆等）组成。

① 标准砖墙材料用量的计算。

每立方米砖墙的用砖数和砌筑砂浆的用量，可用下列理论计算公式计算各自的净用量：
用砖数：

$$\text{每立方米砖墙的净用量（块）} = \frac{1}{\text{墙厚} \times (\text{砖长} + \text{灰缝}) \times (\text{砖厚} + \text{灰缝})} \times k \tag{3-21}$$

式中 k——墙厚的砖数 $\times 2$，其中墙厚的墙数：即一砖墙为 1，一砖半墙为 1.5。
砂浆用量：

$$\text{每立方米砖墙体中砂浆净用量} = 1 - \text{用砖数} \times \text{砖长} \times \text{砖厚} \times \text{砖宽} \tag{3-22}$$

材料的损耗一般以损耗率表示。材料损耗率可以通过观察法或统计法确定。材料损耗率及材料损耗量的计算通常采用以下公式：

$$\text{损耗率} = \frac{\text{损耗量}}{\text{净用量}} \times 100\% \tag{3-23}$$

$$\text{总消耗量} = \text{净用量} + \text{损耗量} = \text{净用量} \times (1 + \text{损耗率}) \tag{3-24}$$

例 3-9　计算 $1\ \text{m}^3$ 标准砖砖外墙体砖数和砂浆的净用量

解

$$\text{砖净用量} = \frac{1}{0.24 \times (0.24 + 0.01) \times (0.053 + 0.01)} \times 1 \times 2 = 529（\text{块}）$$

$$\text{砂浆净用量} = 1 - 529 \times (0.24 \times 0.115 \times 0.053) = 0.226（\text{m}^3）$$

② 标准砖基础材料用量计算。

等高式放脚基础标准砖用量计算的约定如下：

砖基础只包括从第一层放脚上表面至最后一层放脚下表面的体积,如图 3-5 所示。

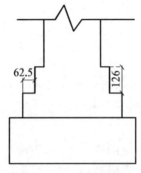

图 3-5 大放脚基础

每层放脚的放出宽度为 62.5 mm,每层放脚的高度为 126 mm。

$$砖用量(块/m^3) = \frac{\left(墙厚的砖数 \times 2 \times 层数 + \sum 放脚层数值\right) \times 2}{\left(墙厚 \times 放脚层数 + 放脚宽 \times 2 \times \sum 放脚层数值\right) \times 放脚高 \times (砖长 + 灰缝)}$$

(2) 块料面层的材料用量计算

每 100 m² 面层块料数量、灰缝及结合层材料用量公式如下:

$$100\ m^2\ 块料净用量 = \frac{100}{(块料长 + 灰缝宽) \times (块料宽 + 灰缝宽)}(块) \quad (3-25)$$

$$100\ m^2\ 灰缝材料净用量 = [100 - 块料长 \times 块料宽 \times 100\ m^2\ 块料用量] \times 灰缝深 \quad (3-26)$$

$$结合层材料用量 = 100\ m^2 \times 结合层厚度 \quad (3-27)$$

例 3-10 用 1:1 水泥砂浆贴 150 mm×150 mm×5 mm 瓷砖墙面,结合层厚度为 10 mm,试计算每 100 m² 瓷砖墙面中瓷砖和砂浆的消耗量(灰缝宽为 2 mm)。假设瓷砖损耗率为 1.5%,砂浆损耗率为 1%。

解 每 100 mm² 瓷砖墙面中瓷砖的净用量 $= \frac{100}{(0.15+0.002) \times (0.15+0.002)} =$ 4 328.25(块)

每 100 m² 瓷砖墙面中瓷砖的总消耗量 = 4 328.25×(1+1.5%) = 4 393.17(块)

每 100 m² 瓷砖墙面中结合层砂浆净用量 = 100×0.01 = 1(m³)

每 100 m² 瓷砖墙面中灰缝砂浆净用量 = [100 - (4 328.25×0.15×0.15)]×0.005 = 0.013(m³)

每 100 m² 瓷砖墙面中水泥砂浆总消耗量 = (1+0.013)×(1+1%) = 1.02(m³)

例 3-11 某彩色地面砖规格为 200×200×5 mm,灰缝为 1 mm,结合层为 20 厚 1:2 水泥砂浆,试计算 100 m² 地面中面砖和砂浆的消耗量。(面砖和砂浆损耗率均为 1.5%)

解　面砖净用量 $=\dfrac{100}{(0.2+0.001)\times(0.2+0.001)}=2\,475$ 块

灰缝砂浆的净用量 $=(100-2\,475\times0.2\times0.2)\times0.005=0.005(\text{m}^3)$

结合层砂浆净用量 $=100\times0.02=2(\text{m}^3)$

面砖消耗量 $=2\,475\times(1+1.5\%)=2\,512.125(\text{m}^3)$

砂浆消耗量 $=(0.005+2)\times(1+1.5\%)=2.035\,075(\text{m}^3)$

单元习题

一、单项选择题

1. 数示法写实记录的特点是(　　　)。

A. 能反映工人或机械工作日全部情况　　　　B. 可同时对 3 个以内的工人进行观察

C. 原始记录整理方便　　　　　　　　　　　　D. 记录简单,时间一目了然

2. 下列关于写实记录法描述,正确的是(　　　)。

A. 数示法写实记录可同时对 3 个以内的工人进行观察

B. 图示法写实记录适用于 3 个以上工人的小组工时消耗的测定与分析

C. 混合法写实记录适用于同时对 2 个工人进行观察

D. 写实记录法按记录时间的方法不同分为数示法、图示法、混合法三种

3. 以下过程不属于按施工过程组织的复杂程度分类的是(　　　)。

A. 工序过程　　　　　B. 工作过程　　　　　C. 个人完成的过程　　　　D. 综合工作过程

4. 下列因素中不属于施工过程的影响因素的是(　　　)。

A. 技术因素　　　　　B. 组织因素　　　　　C. 自然因素　　　　　　　D. 管理因素

5. 在测定时所采用的方法中,测时法用于测定(　　　)。

A. 循环组成部分的工作时间　　　　　　　　B. 准备与结束时间

C. 工人休息时间　　　　　　　　　　　　　　D. 非循环工作时间

6. 用混凝土抹灰砂浆贴 200×300 瓷砖墙面,灰缝宽 5 mm,假设瓷砖损耗率为 8%,则 $100\ \text{m}^2$ 瓷砖墙面的瓷砖消耗量是(　　　)。

A. 103.6　　　　　　　B. 104.3　　　　　　　C. 108　　　　　　　　D. 108.7

7. 工作日写实法测定的数据显示,完成 $10\ \text{m}^3$ 某现浇混凝土工程需基本作时间 8 小时,辅助工作时间占工作时间的 8%,准备与结束工作时间、不可避免的中断时间、休息时间、损失时间分别占工作时间的 5%、2%、18%、6%。则该混凝土工程的时间定额是(　　　)工日/ $10\ \text{m}^3$

A. 1.44　　　　　　　　B. 1.45　　　　　　　C. 1.56　　　　　　　D. 1.64

8. 已知人工挖某土方 $1\ \text{m}^3$ 的基本工作时间为 1 个工作日,辅助工作时间占工序作业时间的 5%,准备与结束工作时间、不可避免的中断时间、休息时间分别占工作日的 3%、2%、15%,该人工挖土的时间定额为(　　　)

A. 13.33　　　　　　　B. 13.16　　　　　　　C. 13.13　　　　　　D. 12.50

9. 已知某人工抹灰 $10\ \text{m}^2$ 的基本工作时间为 4 小时,辅助工作时间占工序作业时间的

5%,准备与结束工作时间、不可避免的中断时间、休息时间分别回分部占工作日的 6%、11%、3%。则该人工抹灰的时间定额为(　　)工日/100 m²

 A. 6.3   B. 6.56   C. 6.58   D. 6.67

10. 关于材料消耗的性质及确定材料消耗量的基本方法,下列说法正确的是(　　)。

 A. 理论计算法适用于确定材料净用量

 B. 必须消耗的材料量是指材料的净用量

 C. 土石方爆破工程所需的炸药、雷管、引信属于非实体材料

 D. 现场统计法主要适用于确定材料损耗量

11. 某砼输送泵每小时纯工作状态可输送砼 25 m³;泵的实际利用系数为 0.75,则该砼输送泵的产量定额为(　　)。

 A. 150 m³/台班   B. 0.67 台班/100 m³

 C. 200 m³/台班   D. 0.50 台班/100 m³

12. 确定施工机械台班定额消耗量前需计算机械时间利用系数,其计算公式正确的是(　　)。

 A. 机械时间利用系数=机械纯工作 1 h 正常生产率×工作班纯工作时间

 B. 机械时间利用系数=1/机械台班产量定额

 C. 机械时间利用系数=机械在一个工作班内纯工作时间/一个工作班延续时间(8 h)

 D. 机械时间利用系数=一个工作班延续时间(8 h)/机械在一个工作班内纯工作时间

13. 已知砌筑 1 m³ 砖墙中砖净用量和损耗量分别为 529 块、6 块,百块砖体积按 0.146 m³ 计算,砂浆损耗率为 10%。则砌筑 1 m³ 砖墙的砂浆用量为(　　)m³。

 A. 0.250   B. 0.253   C. 0.241   D. 0.243

14. 下列工人工作时间消耗中,属于有效工作时间的是(　　)。

 A. 因混凝土养护引起的停工时间   B. 偶然停工(停水、停电)增加的时间

 C. 产品质量不合格返工的工作时间   D. 准备施工工具花费的时间

15. 已知 1 m² 砖墙的勾缝时间为 8 min,则每 m³ 一砖半厚墙所需的勾缝时间为(　　)min。

 A. 12.00   B. 21.92   C. 22.22   D. 33.33

16. 通过计时观察,完成某工程的基本工时为 6 h/m³,辅助工作时间为工序作业时间的 8%,规范时间占工作时间的 15%,则完成该工程的时间定额是(　　)工日/m³。

 A. 0.93   B. 0.94   C. 0.95   D. 0.96

17. 下列机械工作时间中,属于有效工作时间的是(　　)。

 A. 筑路机在工作区末端的调头时间

 B. 体积达标而未达到载重吨位的货物汽车运输时间

 C. 机械在工作地点之间的转移时间

 D. 装车数量不足而在低负荷下工作的时间

18. 若完成 1 m³ 墙体砌筑工作的基本工时为 0.5 工日,辅助工作时间占工序作业时间的 4%。准备与结束工作时间、不可避免的中断时间、休息时间分别占工作时间的 6%、3%、和 12%,该工程时间定额为(　　)工日/m³。

 A. 0.581   B. 0.608   C. 0.629   D. 0.659

19. 某出料容量 750 L 的砂浆搅拌机,每一次循环工作中,运料、装料、搅拌、卸料、中断需要的时间分别为 150 s、40 s、250 s、50 s、40 s,运料和其他时间的交叠时间为 50 s,机械利用系数为 0.8。该机械的台班产量定额为(　　)m³/台班。

A. 31.65　　　　　　　B. 32.60　　　　　　　C. 36.00　　　　　　　D. 39.27

20. 用水泥砂浆砌筑 2 m³ 砖墙,标准砖(240 mm×115 mm×53 mm)的总耗用量为 1 113 块。已知砖的损耗率为 5%,则标准砖、砂浆的净用量分别为(　　)。

A. 1 057 块、0.372 m³　　　　　　　　　B. 1 057 块、0.454 m³

C. 1 060 块、0.372 m³　　　　　　　　　D. 1 060 块、0.449 m³

二、多项选择题

1. 下面的(　　)属于写实记录法

A. 数示法　　　　　　B. 曲线法　　　　　　C. 图示法　　　　　　D. 横道图法

E. 混合法

2. 施工中材料的消耗分为必需消耗的材料和损失的材料,在确定材料定额消耗量时,必需消耗的材料包括(　　)。

A. 直接用于建筑和安装工程的材料　　　　B. 不可避免的场外运输损耗材料

C. 不可避免的场内运输损耗材料　　　　　D. 不可避免的现场仓储损耗材料

E. 不可避免的施工过程中损耗材料

3. 下列人工、材料、机械台班的消耗,应计入定额消耗量的有(　　)。

A. 准备与结束工作时间　　　　　　　　　B. 施工本身原因造成的工人停工时间

C. 措施性材料的合理消耗量　　　　　　　D. 不可避免的施工废料

E. 低负荷下的机械工作时间

4. 关于计时观察法测定定额,下列表述正确的有(　　)。

A. 计时观察法能为进一步挖掘生产潜力提供技术依据

B. 计时观察前需选定的正常施工条件中包括了对工人技术等级的选定

C. 测时法主要用来测定定时重复的循环工作的时间消耗

D. 写实记录法是研究整个工作班内各种工时消耗的方法

E. 工作日写实法可以用于检查定额的执行情况

5. 下列工人工作时间中,属于有效工作时间的有(　　)。

A. 基本工作时间　　　B. 不可避免中断时间　C. 辅助工作时间　　　D. 偶然工作时间

E. 准备与结束工作时间

6. 下列定额测定方法中,主要用于测定材料净用量的有(　　)。

A. 现场技术测定法　　B. 实验室试验法　　　C. 现场统计法　　　　D. 理论计算法

E. 写实记录法

单元 4　建筑工程人工、材料、机械台班单价的确定方法

本单元知识点

1. 掌握人工单价及其组成内容,熟悉人工单价确定的依据和方法,了解影响人工单价的因素;
2. 掌握材料价格的构成和分类,掌握材料价格的编制依据和确定方法,了解影响材料价格变动的因素;
3. 掌握机械台班单价的组成,熟悉机械台班单价的编制依据和确定方法,了解影响机械台班单价变动的因素。

任务 1　人工工日单价的构成及确定方法

一、人工单价的组成内容

人工单价是指按工资总额构成规定,支付给从事建筑安装工程施工的生产工人和附属生产单位工人的各项费用。它基本反映了建筑工人的工资水平和一个工人在一个工作日中可以得到的报酬,一个工日一般指工作 8 个小时。合理确定人工工日单价是正确计算人工费和工程造价的前提和基础。

当前,按照现行规定生产工人的人工工日单价组成主要包括计时工资或计件工资、奖金、津贴补贴、加班加点工资、特殊情况下支付的工资等。

（一）计时工资或计件工资

是指按计时工资标准和工作时间或对已做工作按计件单价支付给个人的劳动报酬。

（二）奖金

是指对超额劳动和增收节支支付给个人的劳动报酬。如节约奖、劳动竞赛奖等。

（三）津贴补贴

是指为了补偿职工特殊或额外的劳动消耗和因其他特殊原因支付给个人的津贴,以及为了保证职工工资水平不受物价影响支付给个人的物价补贴。如流动施工津贴、特殊地区施工津贴、高温(寒)作业临时津贴、高空津贴等。

（四）加班加点工资

是指按规定支付的在法定节假日工作的加班工资和在法定日工作时间外延时工作的加

点工资。

（五）特殊情况下支付的工资

是指根据国家法律、法规和政策规定,因病、工伤、产假、计划生育假、婚丧假、事假、探亲假、定期休假、停工学习、执行国家或社会义务等原因按计时工资标准或计时工资标准的一定比例支付的工资。

二、人工单价确定的依据和方法

人工单价的确定方法主要有以下三种方法。

（一）根据劳务市场行情确定

该种方法人工单价的计算过程可以分为以下几个步骤:

1.根据总施工工日数(即人工工日数)及工期计算总施工人数

工日数、工期和施工人数存在着下列关系:

$$总工日数＝工程实际施工工期×平均总施工人数 \qquad (4-1)$$

因此,当招标文件中已经确定了施工工期时:

$$平均总施工人数＝总工日数/工程实际施工工期(天) \qquad (4-2)$$

当招标文件中未确定施工工期,而由投标人自主确定工期时:

$$最优化的施工人数或工期(工日)＝总工日数/最优施工工期(天) \qquad (4-3)$$

2.确定各专业施工人员的数量及比重

$$某专业平均施工人数＝某专业消耗的工日数 /工程实际施工工期(天) \qquad (4-4)$$

3.确定各专业劳动力资源的来源及构成比例

劳动力主要有三大来源:本企业的工人、外聘技工、劳务市场招聘的普工。其中外聘技工的工资水平高些,普工工资水平低些。这三种劳动力资源的构成比例,应先对本企业现状、工程特点及对生产工人的要求和当地劳动力资源的充足程度、技能水平及工资水平进行综合评价,再据此合理确定。

4.确定工资单价

$$某专业综合人工单价＝\sum(本专业某种来源的人力资源人工单价×构成比重)$$
$$(4-5)$$

$$综合人工单价＝\sum(某专业综合人工单价×权数) \qquad (4-6)$$

其中权数是根据各专业工日消耗量占总工日数的比重取定的。例如:土建专业工日消耗量占总工日数的比重是 30%,则其权数即为 30%。如果投标单位使用各专业综合工日单价法投标,则不须计算综合工日单价。

通过上述一系列的计算,可以初步得出综合工日单价的水平,但是得出的单价是否有竞争力,以此报价是否能够中标,必须进行一系列的分析评估。

（1）采用这种方法确定人工单价应注意以下几个方面的问题。

一是要尽可能掌握劳动力市场价格中长期历史资料,这使以后采用数学模型预测人工单价将成为可能；

二是在确定人工单价时要考虑用工的季节性变化。当大量聘用农民工时，要考虑农忙季节时人工单价的变化；

三是在确定人工单价时要采用加权平均的方法综合各劳务市场或各劳务队伍的劳动力单价；

四是要分析拟建工程的工期对人工单价的影响。如果工期紧，那么人工单价按正常情况确定后要乘以大于 1 的系数。如果工期有拖长的可能，那么也要考虑工期延长带来的风险。

（2）根据以往的承包情况确定企业在投标报价时，可以对同一地区以往承包工程的人工单价进行对比分析，再根据实际情况确定。

（3）根据单位估价表中的人工单价确定地区的单位估价表中都规定了人工单价，承包工程时可以以此为依据确定投标报价的人工单价。

例 4-1 根据市场调查数据分析，劳务市场上砌筑工的价格分别是：甲劳务市场 90 元/工日；乙劳务市场 100 元/工日；丙劳务市场 95 元/工日。各劳务市场可提供抹灰工的数量也不尽相同，所能够提供的比例分别为：甲劳务市场 42%；乙劳务市场 25%；丙劳务市场 33%。假定季节变化系数为 1.1，工期风险系数为 1.05 时，试计算砌筑工的人工单价。

解 砌筑工的人工单价为：

$(90 \times 42\% + 100 \times 25\% + 95 \times 33\%) \times 1.1 \times 1.05 = 109$ 元/工日。

（二）根据以往承包工程情况确定

如果企业在同一地区以往承包过同类工程，可以在投标报价时对以往工程的人工工日的单价进行对比分析，再结合当时的实际情况确定最终人工单价。

例如，以往在某地区承包过三个与拟建工程基本相同的工程，砌筑工每个工日支付了100.00～120.00 元，这时就可以进行具体对比分析，结合实际情况在上述范围内确定投标报价中砌筑工的人工工日单价。

（三）根据当地工程造价信息网上公布的人工工日指导价确定人工日单价

每个地区每年都会在当地工程造价信息网上公布若干次人工工日指导价，比如江苏省分别在当年的 3 月份和 9 月份在造价信息网上公布所管辖区域的人工工日指导价，可以以此为依据确定拟投标工程或招标工程的人工单价。

例如，2020 年 3 月在江苏省工程造价信息网公布的南京市土建工程包工包料一类工人工工资指导价为 112 元，南京市的工程可以根据市场行情在此基础上考虑本企业的实际，确定拟投标工程的人工单价。

**2020 年 3 月人工
工资指导价文件**

三、影响人工单价的因素

影响建筑安装工人人工单价的因素很多，归纳起来有以下方面：

（一）社会平均工资水平

建筑安装工人人工单价必然和社会平均工资水平趋同。社会平均工资水平取决于经济发展水平。由于我国改革开放以来经济迅速增长，社会平均工资也有大幅增长，从而导致人工单价的大幅提高。

（二）生活消费指数

生活消费指数的提高会影响人工单价的提高，以减少生活水平的下降，或维持原来的生活水平。生活消费指数的变动决定于物价的变动，尤其决定于生活消费品物价的变动。

（三）人工单价的组成内容

例如，住房消费、养老保险、医疗保险、失业保险等列入人工单价，会使人工单价提高。

（四）劳动力市场供需变化

在劳动力市场如果需求大于供给，人工单价就会提高；供给大于需求，市场竞争激烈，人工单价就会下降。

（五）政府推行的社会保障和福利政策也会影响人工单价的变动

任务2　材料单价的组成和确定方法

在建筑工程中，材料费约占总造价的 $60\%\sim70\%$，在钢结构工程中所占比重还要更大，是工程造价的主要组成部分。因此，合理确定材料价格构成，正确计算材料价格，是合理确定和有效控制工程造价的重要基础。

一、材料单价的构成和分类

（一）材料单价的构成

材料单价是指施工过程中耗费的原材料、辅助材料、构配件、零件、半成品或成品、工程设备的费用。是材料从其来源地（或交货地点、供应者仓库提货地点）到达施工工地仓库（施工地点内存放材料的地点）后出库的综合平均价格。材料价格一般由材料原价、运杂费、运输损耗费、采购及保管费组成。

工程设备是指房屋建筑及其配套的构成或计划构成永久工程一部分的机电设备、金属结构设备、仪器装置等建筑设备，包括附属工程中电气、采暖、通风空调、给排水、通信及建筑智能等为房屋功能服务的设备，不包括工艺设备。具体划分标准见《建设工程计价设备材料划分标准》(GB/T 50531—2009)。明确由建设单位提供的建筑设备，其设备费用不作为计取税金的基数。

（二）材料单价分类

材料单价按适用范围划分，有地区材料单价和某项工程使用的材料单价。地区材料单价是按地区（城市或建设区域）编制，供该地区所有工程使用；某项工程（一般指大中型重点工程）使用的材料单价，是以一个工程为编制对象，专供该工程项目使用。

GB/T 50531—2009

地区材料单价与某项工程使用的材料单价的编制原理和方法是一致的，只是在材料来源地、运输数量权数等具体数据上有所不同。

二、材料单价的编制依据和确定方法

材料单价是材料原价（或供应价格）、材料运杂费、运输损耗费以及采购保管费合计而成的。

（一）材料原价（或供应价格）

材料原价是指材料、工程设备的出厂价格或商家供应价格。材料在采购时，如不符合设计规格要求，而必须进行加工改制的，其加工费及加工损耗率应计算在该材料原价里；进口材料应以国际市场价格加上关税、外贸手续费及保险费等构成的抵岸价作为材料原价。

在确定原价时，凡同一种材料因来源地、交货地、供货单位、生产厂家不同，而有几种价格（原价）时，根据不同来源地供货数量比例，采取加权平均的方法确定其综合原价。计算公式如下：

$$加权平均原价 = (K_1C_1 + K_2C_2 + \cdots + K_nC_n)/(K_1 + K_2 + \cdots + K_n) \qquad (4-7)$$

式中 $K_1, K_2, \cdots, K_n$ ——各不同供应地点的供应量或各不同使用地点的需要量；

$C_1, C_2, \cdots, C_n$ ——各不同供应地点的原价。

若材料供货价格为含税价格，则材料原价应以购进货物适用的税率或征收率扣除增值税进项税额。

（二）材料运杂费

材料运杂费是指材料、工程设备自来源地运至工地仓库或指定堆放地点所发生的全部费用。含外埠中转运输过程中所发生的一切费用和过境过桥费用，包括调车和驳船费、装卸费、运输费及附加工作费等。

同一品种的材料有若干个来源地，应采用加权平均的方法计算材料运杂费。计算公式如下：

$$加权平均运杂费 = (K_1T_1 + K_2T_2 + \cdots + K_nT_n)/(K_1 + K_2 + \cdots + K_n) \qquad (4-8)$$

式中 $K_1, K_2, \cdots, K_n$ ——各不同供应点的供应量或各不同使用地点的需求量；

$T_1, T_2, \cdots, T_n$ ——各不同运距的运费。

另外，在运杂费中需要考虑为了便于材料运输和保护而发生的包装费。材料包装费用有两种情况：一种情况是包装费已计入材料原价中，此种情况不再计算包装费，如袋装水泥，水泥纸袋已包括在水泥原价中；另一种情况是材料原价中未包含包装费，如需包装时包装费则应计入材料价格内。

（三）运输损耗

在材料的运运中应考虑一定的场外运输损耗费用。这是指材料在运输装卸过程中不可避免的损耗。运输损耗的计算公式是：

$$运输损耗 = (材料原价 + 运杂费) \times 运输损耗率 \qquad (4-9)$$

（四）采购及保管费

采购及保管费是指为组织采购、供应和保管材料、工程设备的过程中所需要的各项费用。包括采购费、仓储费、工地保管费、仓储损耗。

采购及保管费一般按照材料到库价格以费率取定。材料采购及保管费计算公式如下：

$$采购及保管费 = 材料运到工地仓库价格 \times 采购及保管费率 \qquad (4-10)$$

或 采购及保管费 = （材料原价 + 运杂费 + 运输损耗费）× 采购及保管费率（%）

综上所述，材料基价的一般计算公式为：

材料基价＝{(供应价格＋运杂费)×[1＋运输损耗率(%)]}×[1＋采购及保管费率(%)]

$$(4-11)$$

由于我国幅员广大,建筑材料产地与使用地点的距离,各地差异很大,同时采购、保管、运输方式也不尽相同,因此材料价格原则上按地区范围编制。

例 4-2　某工地水泥从两个地方采购,从甲地采购 300 t,单价 240 元/t,运杂费 20 元/t,运损耗率 0.5%,采购及保管费率 2%;从乙地采购 200 t,单价 250 元/t,运杂费 15 元/t,运输耗率 0.4%,采购及保管费率 2%。计算该工地水泥的预算单价。

解

$$材料原价总值＝\sum(各次购买量×各次购买价)$$
$$＝300×240＋200×250＝122\,000(元)$$

材料总量＝200＋300＝500(t)

加权平均原价＝材料原价总值÷材料总量＝122 000÷500＝244(元/t)

材料运杂费＝(20×300＋15×200)÷500＝18(元/t)

运输损耗费＝[300×(240＋20)×0.5%＋200×(250＋15)×0.4%]÷500＝1.20 元/t

采保费＝(244＋18＋1.20)×2%＝5.26(元/t)

水泥预算价格＝244＋18＋1.20＋5.26＝268.46(元/t)

答:此水泥的预算价格为 268.46 元/t。

三、影响材料价格变动的因素

(一)市场供需变化。材料原价是材料价格中最基本的组成。市场供大于求价格就会下降;反之,价格就会上升。从而也就会影响材料价格的涨落。

(二)材料生产成本的变动直接涉及材料价格的波动。

(三)流通环节的多少和材料供应体制也会影响材料价格。

(四)运输距离和运输方法的改变会影响材料运输费用的增减,从而也会影响材料价格。

(五)国际市场行情会对进口材料价格产生影响。

任务 3　施工机械台班单价的组成和确定方法

施工机械使用费是指施工作业所发生的施工机械、仪器仪表使用费或其租赁费。

仪器仪表使用费是指工程施工所需使用的仪器仪表的摊销及维修费用。施工机械使用费是以施工机械台班耗用量乘以施工机械台班单价表示。施工机械台班单价是指一台施工机械,在正常运转条件下一个工作班中所发生的全部费用,每台班按八小时工作制计算。施工机械台班单价由七项费用组成,包括折旧费、大修理费、经常修理费、安拆费及场外运费、人工费、燃料动力费、税费等。这些费用按照其性质可以分为第一类费用和第二类费用,其中折旧费、大修理费、经常修理费、安拆费及场外运费属于第一类费用,第一类费用亦称不变费用,是指属于分摊性质的费用。该类费用不会因为使用时间、地点的不同而发生改变。人工费、燃料动力费、税费属于第二类费用,第二类费用亦称可变费用,是指属于支出性质的费用,该类费用会因为使用时间、地点的不同而发生改变。

对于以上七项费用,从简化计算的角度出发,我们提出以下计算方法。

一、折旧费

折旧费指施工机械在规定的使用年限内,陆续收回其原值的费用。其计算公式如下:

$$台班折旧费=\frac{机械预算价格×(1-残值率)×时间价值系数}{耐用总台班} \quad (4-12)$$

1. 机械预算价格

(1)国产机械的预算价格。国产机械预算价格按照机械原值、供销部门手续费和一次运杂费以及车辆购置税之和计算。

① 机械原值。国产机械原值应按下列途径询价、采集:编制期施工企业已购进施工机械的成交价格;编制期国内施工机械展销会发布的参考价格;编制期施工机械生产厂、经销商的销售价格。

② 供销部门手续费和一次运杂费可按机械原值的5%计算。

车辆购置税的计算。车辆购置税应按下列公式计算:

$$车辆购置税=计税价格×车辆购置税率$$
$$其中计税价格=机械原值+供销部分手续费和一次运杂费-增值税 \quad (4-13)$$

车辆购置税应执行编制期间国家有关规定。

(2)进口机械的预算价格。进口机械的预算价格按照机械原值、关税、增值税、消费税、外贸手续费和国内运杂费、财务费、车辆购置税之和计算。

① 进口机械的机械原值按其到岸价格取定。

② 关税、增值税、消费税及财务费应执行编制期国家有关规定,并参照实际发生的费用计算。

③ 外贸部门手续费和国内一次运杂费应按到岸价格的6.5%计算。

④ 车辆购置税的计税价格是到岸价格、关税和消费税之和。

2. 残值率

残值率指机械报废时回收的残值占机械原值的百分比。残值率按目前有关规定执行:运输机械2%,掘进机械5%,特大型机械3%,中小型机械4%。

3. 耐用总台班

耐用总台班指施工机械从开始投入使用至报废前使用的总台班数,应按施工机械的技术指标及寿命期等相关参数确定。

机械耐用总台班的计算公式为:

$$耐用总台班=折旧年限×年工作台班=大修间隔台班×大修周期 \quad (4-14)$$

年工作台班是根据有关部门对各类主要机械最近三年的统计资料分析确定。

大修间隔台班是指机械自投入使用起至第一次大修止或自上一次大修后投入使用起至下一次大修止,应达到的使用台班数。

大修周期是指机械正常的施工作业条件下,将其寿命期(即耐用总台班)按规定的大修理次数划分为若干个周期。其计算公式:

$$大修周期=寿命期大修理次数+1 \qquad (4-15)$$

4.时间价值系数

机械的时间价值系数是指购置施工机械的资金在施工生产过程中随着时间的推移而产生的单位增值。计算公式如下:

$$时间价值系数=1+1/2×年折现率×(折旧率+1) \qquad (4-16)$$

例4-3　5 t载货汽车的成交价为75 000元,购置附加税税率10%,运杂费2 000元,耐用总台班2 000个,残值率为3%,试计算台班折旧费。

解　台班折旧费=[75 000×(1+10%)+2 000]×(1-3%)/2 000=40.98元/台班

二、大修理费

大修理费指施工机械按规定的大修理间隔台班进行必要的大修理,以恢复其正常功能所需的费用。台班大修理费是机械使用期限内全部大修理费之和在台班费用中的分摊额,它取决于一次大修理费用、大修理次数和耐用总台班的数量。其计算公式为:

$$台班大修理费=\frac{一次大修理费×寿命期内大修理次数}{耐用总台班} \qquad (4-17)$$

1. 一次大修理费指施工机械一次大修理发生的工时费、配件费、辅料费、油燃料费及送修运杂费。

一次大修费应以《全国统一施工机械保养修理技术经济定额》为基础,结合编制期市场价格综合确定。

2. 寿命期大修理次数指施工机械在其寿命期(耐用总台班)内规定的大修理次数,应参照《全国统一施工机械保养修理技术经济定额》确定。

例4-4　5 t载货汽车一次大修理费为8 700元,大修理周期为4个,耐用总台班为2 000个,试计算台班大修理费。

解　大修理次数为:4-1=3(次)

台班大修理费=8700×3÷2000=13.05(元/台班)

三、经常修理费

经常修理费指施工机械除大修理以外的各级保养和临时故障排除所需的费用。包括为保障机械正常运转所需替换设备与随机配备工具附具的摊销和维护费用,机械运转中日常保养所需润滑与擦拭的材料费用及机械停滞期间的维护和保养费用等。

台班经常修理费可以用下列简化公式计算:

$$台班经修费=台班大修费×K \qquad (4-18)$$

式中 K ——台班经常修理费系数。

例4-5　5 t载货汽车一次大修理费为8 700元,大修理周期为4个,耐用总台班为

2 000个,经测算该货车的台班经常修理系数为 5.41,试计算其台班经常修理费。

解 8 700×3÷2 000×5.41=70.60(元/台班)

四、安拆费及场外运费

安拆费指施工机械(大型机械除外)在现场进行安装与拆卸所需的人工、材料、机械和试运转费用以及机械辅助设施的折旧、搭设、拆除等费用;场外运费指施工机械整体或分体自停放地点运至施工现场或由一施工地点运至另一施工地点的运输、装卸、辅助材料及架线等费用。

安拆费及场外运费根据施工机械不同分为计入台班单价、单独计算和不计算三种类型。

1. 工地间移动较为频繁的小型机械及部分中型机械,其安拆费及场外运费应计入台班单价。台班安拆费及场外运费应按下列公式计算:

$$台班安拆费及场外运费=一次安拆费及场外运输费×年平均安拆次数/年工作台班$$

$$(4-19)$$

① 一次安拆费应包括施工现场机械安装和拆卸一次所需的人工费、材料费、机械费及试运转费。

② 一次场外运费应包括运输、装卸、辅助材料和架线等费用。

③ 年平均安拆次数应以《全国统一施工机械保养修理技术经济定额》为基础,由各地区(部门)结合具体情况确定。

④ 运输距离均应按 25 km 计算。

2. 移动有一定难度的特、大型(包括少数中型)机械,其安拆费及场外运费应单独计算。

单独计算的安拆费及场外运费除应计算安拆费、场外运费外,还应计算辅助设施(包括基础、底座、固定锚桩、行走轨道枕木等)的折旧、搭设和拆除等费用。

3. 不需安装、拆卸且自身又能开行的机械和固定在车间不需安装、拆卸及运输的机械,其安拆费及场外运费不计算。

4. 自升式塔式起重机安装、拆卸费用的超高起点及其增加费,各地区(部门)可根据具体情况确定。

五、人工费

指机上司机(司炉)和其他操作人员的人工费。一般按下列公式计算:

$$台班人工费=\frac{人工消耗量×(1+年制度工作日×年工作台班)×人工单价}{年工作台班}$$ $$(4-20)$$

这里需要注意的是:人工消耗量指机上司机(司炉)和其他操作人员工日消耗量;年制度工作日应执行编制期国家有关规定;人工单价应执行编制期工程造价管理部门的有关规定。

例 4-6 5 t 载货汽车每个台班的机上操作人员工日数为 1 个工日,人工单价 85 元,求台班人工费。

解 台班人工费=(85.00×1)元/台班=85.00 元/台班

六、燃料动力费

燃料动力费指施工机械在运转作业中所消耗的各种燃料及水、电等。计算公式如下：

$$台班燃料动力费＝台班燃料动力消耗量×相应单价 \qquad (4-21)$$

这里需要注意的是：燃料动力消耗量应根据施工机械技术指标及实测资料综合确定；燃料动力单价应执行编制期工程造价管理部门的有关规定。

例 4-7 5 t 载货汽车每台班耗用汽油 31.66 kg，汽油单价 5.75 元/kg，求台班燃料费。

解 台班燃料费＝(31.66×5.75)元/台班＝182.05 元/台班

七、税费

税费指施工机械按照国家规定应缴纳的车船使用税、保险费及年检费等。计算公式如下：

$$税费＝\frac{年车船使用税＋年保险费＋年检验费}{年工作台班} \qquad (4-22)$$

这里需要注意的是：年车船使用税、年检费用应执行编制期有关部门的规定，保险费执行编制期有关部门强制性保险的规定，非强制性保险不应计算在内。

例 4-8 5 t 载货汽车每月每吨每年应缴纳车船使用税 40 元/t，年工作台班 250 个。5 t 载货汽车年缴保险费、年检费共计 2 000 元，试计算该 5 t 载货汽车的税费。

解 该 5 t 载货汽车的税费＝(5×12×40＋2 000)/250＝19.4(元/台班)

八、影响机械台班单价的因素

1. 施工机械本身的价格

从机械台班折旧费计算公式可以看出，施工机械本身价格的大小直接影响到折旧费，他们之间成正比关系，进而影响施工机械台班单价。

2. 施工机械使用寿命

施工机械使用寿命通常指施工机械更新的时间，它是由机械自然因素、经济因素和技术因素所决定的。施工机械使用寿命不仅直接影响施工机械台班折旧费，而且也影响施工机械的大修理费和经常修理费，因此，它对施工机械台班单价大小的影响较大。

3. 施工机械的使用效率、管理水平和市场供需变化

施工企业的管理水平高低，将直接体现在施工机械的使用效率、机械完好率和日常维护水平上，它将对施工机械台班单价产生直接影响，而机械市场供需变化也会造成机械台班单价提高或降低。

4. 国家及地方征收税费政策有关规定

国家地方有关施工机械征收税费政策和规定，将对施工机械台班单价产生较大影响，并会引起相应的波动。

例 4-9 现有 10 t 自卸汽车的基本资料如下：机械购置价格 250 000 元/台，使用总台班 3 150 台班，大修间隔台班 630 台班，一次大修理费 26 000 元，机械残值率为 2%，折旧年

限为 8,贷款年利率为 5.24%,经常维修费系数 $K=1.52$,机上人工消耗 2.50 工日/台班,人工单价 16.5 元/工日,柴油耗用 45.6 kg/台班,柴油预算价格 3.5 元/kg,养路费 95.8 元/台班。

解 第一类费用计算:

机械时间价值 $=1+(8+1)\times 5.24\% \div 2=1.236$

(1) 机械台班折旧费

$=250\,000\times(1-2\%)\times 1.236\div 3\,150$

$=96.13$(元/台班)

(2) 台班大修理次数

$=(3\,150\div 630)-1=5-1=4$(次)

台班大修理费

$=(26\,000\times 4)\div 3\,150=33.02$(元/台班)

(3) 经常维修费

$=33.02\times 1.52=50.19$(元/台班)

第一类费用小计:$\sum =179.34$ 元/台班。

第二类费用计算:

(4) 机上人工费

$=2.50\times 16.50=41.25$(元/台班)

(5) 台班柴油费

$=45.60\times 3.50=159.60$(元/台班)

(6) 台班养路费

$=95.80$ 元/台班。

第二类费用小计:$\sum$ 296.65 元/台班。

10 t 自卸汽车的台班使用费 $=179.34+296.65=475.99$ 元/台班

单元习题

一、单项选择题(在下列每小题的四个备选答案中选出一个正确的答案,并将其字母标号填入题干的括号内。)

1. 机械大修周期与寿命周期内大修理次数的关系应该是( )。

A. 大修周期=寿命期内大修理次数+1

B. 大修周期=寿命期内大修理次数

C. 大修周期=寿命期内大修理次数-1

D. 大修周期=寿命期内大修理次数+经常修理次数

2. 材料装车、卸材料及运至集中地或仓库的费用为( )。

A. 材料原价   B. 运输费   C. 运杂费   D. 采保费

3. 使用江苏省机械台班单价表计算台班单价的,其中可以调价的费用有( )。

A. 折旧费　　　　　B. 大修理费　　　　C. 经常修理费　　　D. 燃料动力费

4. 施工现场生产用水电的费用包含在(　　)。

A. 人工费中　　　　B. 机械费中　　　　C. 企业管理费中　　D. 利润中

5. 大型机械安拆及进场的费用属于(　　)。

A. 措施项目费　　　　　　　　　　　　B. 机械台班单价中的不变费用

C. 机械台班单价中的可变费用　　　　　D. 规费

6. 按照《建筑安装工程费用项目组成》建标〔2013〕44 号,不属于人工工资单价的为(　　)。

A. 计时工资　　　　B. 劳动保险费　　　C. 奖金　　　　　　D. 加班加点工资

7. 材料预算价格是指材料从来源地到达(　　)的价格。

A. 工地　　　　　　　　　　　　　　　B. 施工操作地点

C. 工地仓库　　　　　　　　　　　　　D. 工地仓库以后出库

8. 施工企业生产工人因计划生育假按计时工资标准的一定比例支付的工资应列入(　　)。

A. 奖金　　　　　　　　　　　　　　　B. 特殊情况下支付的工资

C. 加班加点工资　　　　　　　　　　　D. 津贴补贴

二、计算题

1. 某施工机械耐用总台班数为 5 000 台,大修间隔台班为 1 000 台班,一次大修理费为 15 000 元,该机械购置价格为 100 万元,使用年限为 4 年,银行贷款利率为 5%,残值率为 3%。试求该机械台班折旧费和大修理费。

2. 某施工队为某工程施工购买钢筋,从甲单位购买钢筋 100 t,单价 4 000 元/t;从乙单位购买钢筋 200 t,单价 3 800 元/t;从丙单位购买钢筋 500 t,单价 3 700 元/t(这里的单价均指材料原价)。采用汽车运输,甲地距工地 40 km,乙地距工地 60 km,丙地距工地 80 km。根据该地区公路运价标准:汽车货物运费为 0.6 元/(t·km)装、卸费各为 10 元/t,采保费率各为 1%,其余不计,求此钢筋的预算价格。

>>> 单元 5　计价定额的编制 <<<

 本单元知识点

1. 掌握预算定额的概念,熟悉预算定额的作用、分类、编制原则、编制依据及步骤,了解预算定额消耗量的编制方法;
2. 掌握概算定额的概念,熟悉概算定额的作用、编制原则、编制依据及编制步骤,了解概算定额的内容与形式;
3. 掌握概算指标的概念,熟悉概算指标的作用、分类、表现形式,编制原则、编制依据及编制步骤,了解概算指标的应用;
4. 掌握投资估算指标的概念,熟悉投资估算指标的作用、编制原则,了解投资估算指标的内容及其编制方法;
5. 掌握工程单价的含义,了解工程单价的种类及其编制方法。

任务 1　预算定额

一、预算定额的概念、性质和作用

(一)预算定额的概念

预算定额,是在正常的施工条件下,完成一定计量单位合格分项工程和结构构件所需消耗的人工、材料、机械台班数量及相应费用标准。预算定额是工程建设中的一项重要的技术经济文件,是编制施工图预算的主要依据,是确定和控制工程造价的基础。

预算定额是由国家主管机关或被授权单位组织编制并颁发的一种法令性指标,是一项重要的经济法规。定额中的各项指标,反映了国家对完成单位建筑产品基本构造要素(即每一单位分项工程或结构构件)所规定的工料、机械台班等消耗的数量限额。

预算定额是一种综合定额,它包括了完成某一分项工程的全部工作内容。如砖墙定额中,其综合的内容有:调、运、铺砂浆,运砖,砌窗台虎头砖、腰线、门窗套、砖过梁、附墙烟囱等。因此,在确定定额项目中各种消耗量指标时,首先应根据编制方案中所选定的若干份典型工程图纸,计算出单位工程中各种墙体及上述综合内容所占的比重,然后利用这些数据,结合定额资料,综合确定人工、材料、机械台班的消耗量。

(二)预算定额的性质

(1)预算定额是一种计价定额,"量""价"合一,主要作用是计算工程造价的依据。

（2）当施工企业用预算定额作为参照依据计算个别成本并最终确定工程造价时,它是施工企业自行编制的一种企业内部有关工程消耗的数量标准,其性质属于企业定额;当预算定额由政府授权部门在综合有关企业预算定额的基础上统一编制颁发,并作为一种行业标准,被投资者或社会中介机构作为指导性依据,计算工程的社会平均成本并最终确定工程的社会造价时,它是一种反映有关社会平均的生产性消耗的数量标准,其性质属于社会定额。

（3）预算定额标定对象即分项的划分,可有两类不同的划分方法。传统划分方法是按照选用的施工方法、所使用的材料、结构构件规格等不同因素划分的分项工程或工种工程（或工序作业或不同材料、构件）为基础来划分定额分项。例如不同砂浆品种、标号的砌砖（石）、墙或砖砌基础、或浇筑柱混凝土等都可分别是一个定额分项。这种分项有利于企业成本核算,但不利于工程发、承包,工程结算复杂。另一种国际上通用、我国目前推行的工程量清单分项方法,是以形成工程实体为基础的分项。例如砖基础工程包括砖基础防水层在内形成的工程实体为一个分项工程。

（4）预算定额的定额水平通常取社会平均水平,取企业中大部分生产工人按一般的速度工作,在正常的条件下能够达到的水平。

（5）预算定额所规定的消耗指标内涵包括人工、材料及机械台班的消耗,或者说预算定额是以施工消耗定额为基础,经过分析和调整而得的结果。

（三）预算定额的作用

预算定额是确定单位分项工程或结构构件单价的基础,因此,它体现着国家、建设单位和施工企业之间的一种经济关系。建设单位按预算定额为拟建工程提供必要的资金供应,施工企业则在预算定额的范围内,通过建筑施工活动,按质、按量、按期地完成工程任务。预算定额在我国建筑工程中具有以下重要作用:

（1）预算定额是编制施工图预算、确定建筑安装工程造价的基础。施工图设计一经确定,工程预算造价就取决于预算定额水平和人工、材料及机械台班的价格。预算定额起着控制劳动消耗、材料消耗和机械台班使用的作用,进而起着控制建筑产品价格的作用。

（2）预算定额是编制施工组织设计的依据。施工组织设计的重要任务之一,是确定施工中所需人力、物力的供求量,并做出最佳安排。施工单位在缺乏本企业的施工定额的情况下,根据预算定额,亦能够比较精确地计算出施工中各项资源的需要量,为有计划地组织材料采购和预制件加工、劳动力和施工机械的调配,提供了可靠的计算依据。

（3）预算定额是工程结算的依据。工程结算是建设单位和施工单位按照进度对已完成的分部分项工程实现货币支付的行为。按进度支付工程款,需要根据预算定额将已完成分项工程的造价算出。单位工程验收后,再按竣工工程量、预算定额和施工合同规定进行结算,以保证建设单位建设资金的合理使用和施工单位的经济收入。

（4）预算定额是施工单位进行经济活动分析的依据。预算定额规定的物化劳动和劳动消耗指标,是施工单位在生产经营中允许消耗的最高标准。施工单位必须以预算定额作为评价企业工作的重要标准,作为努力实现的目标。施工单位可根据预算定额对施工中的劳动、材料、机械的消耗情况进行具体的分析,以便找出并克服低功效、高消耗的薄弱环节,提高竞争能力。只有在施工中尽量降低劳动消耗,采用新技术、提高劳动者素质,提高劳动生产率,才能取得较好的经济效益。

（5）预算定额是编制概算定额的基础。概算定额是在预算定额的基础上综合扩大编制的。利用预算定额作为编制依据,不但可以节省编制工作的大量人力、物力和时间,收到事半功倍的效果,还可以使概算定额在水平上与预算定额保持一致,以免造成执行中的不一致。

(6)预算定额是合理编制招标控制价、投标报价的基础。在深化改革中,预算定额的指令性作用日益消弱,而施工单位按照工程个别成本报价的指导作用仍然存在,因此,预算定额作为编制招标控制价的依据和施工企业报价的基础性作用仍将存在,这也是由于预算定额本身的科学性和指导性决定的。

二、预算定额的组成

预算定额主要由文字说明、定额项目表以及有关附录组成。预算定额的组成如图5-1所示。

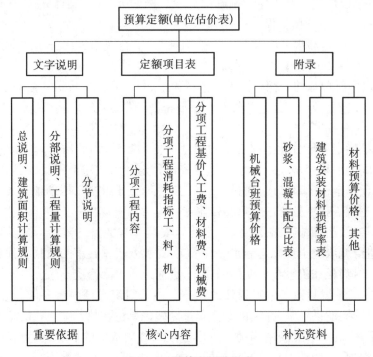

图5-1 预算定额的组成

(一)文字说明

(1)总说明

总说明一般包括定额的编制原则、编制依据、指导思想、适用范围及定额的作用,同时说明了编制定额时已经考虑和没有考虑的因素,使用方法和有关规定,对名词符号的解释等。因此,使用定额前应仔细阅读总说明的内容。

(2)建筑面积计算规则

建筑面积计算规则严格、全面地规定了计算建筑面积的范围和方法。建筑面积是基本建设中重要的技术经济指标,也是计算其他技术经济指标的基础。

(3)分部说明

分部说明是预算定额的主要内容。介绍了分部工程定额中使用各定额项

建筑面积
计算规则

目的具体规定，例如某省定额踢脚线高度按 150 mm 高度编制，如设计高度不同时，整体面层不调整，块料面层按比例调整，其他不变等。

（4）工程量计算规则

工程量计算规则是按分部工程归类的。工程量计算规则统一规定了各分项工程量计算的处理原则。不管是否完全理解，在没有新的规定出现之前，必须按该规则执行。

工程量计算规则是准确和简化工程量计算的基本保证。因为，在编制定额的过程中就运用了计算规则，在综合定额内容时就确定了计算规则，所以工程量计算规则具有法规性。

（5）分节说明

分节说明主要包括了该章节项目的主要工作内容，通过对工作内容的了解，帮助我们判断在编制施工图预算时套用定额的准确性。

（二）定额项目表

定额项目表是预算定额的主要构成部分，由工作内容、定额单位、项目表和附注组成见表 5-1 所示。

表 5-1　楼地板工程垫层定额项目表

工作内容：混凝土搅拌、捣固、养护。　　　　　　　　　　　　　　　　　　　　计量单位：m³

定额编号				13-11		13-12	
项　目		单　位	单　价	现浇混凝土			
				不分格		分格	
				数量	合计	数量	合计
综合单价		元		395.95		425.23	
其中	人工费	元		105.78		118.08	
	材料费	元		241.05		253.49	
	机械费	元		7.28		7.28	
	管理费	元		28.27		31.34	
	利润	元		13.57		15.04	
二类工		工日	82.00	1.29	105.78	1.44	118.08
材料	80210116　现浇混凝土 C10	m³	232.89	(1.01)	(235.22)	(1.01)	(235.22)
	80210117　现浇混凝土 C15	m³	235.54	1.01	237.90	1.01	237.90
	80210118　现浇混凝土 C20	m³	254.72	(1.01)	(257.27)	(1.01)	(257.27)
	32090101　周转木材	m³	1850.00			0.006	11.10
	03510705　铁钉 70 mm	kg	4.20			0.32	1.34
	31150101　水	m³	4.70	0.67	3.15	0.67	3.15
机械	99050152　滚筒式混凝土搅拌机(电动)出料容量 400 L	台班	156.81	0.039	6.12	0.039	6.12
	99052108　混凝土振捣器平板式	台班	14.93	0.078	1.16	0.078	1.16

（1）工作内容。列在定额项目表的表头左上方。列出表中分项工程定额项目包括的主要工作过程。

（2）定额单位列在表头右上方，一般为扩大计量单位，如 10 m³、100 m²、100 m³等。

（3）定额项目表。横向，由若干个项目和子项目组成（按施工顺序排列）；竖向，由"三个量"即人工、材料、机械台班消耗量和"三个价"即人工费、材料费、机械费及基价（地方定额）组成。

（4）附注对项目表中的子项目进行说明（详见表5-2注）。

（三）附录

附录列在预算定额的最后，各省、市、自治区编入的内容不同，一般包括：每 10 m³混凝土模板含量参考表、混凝土及砂浆配合比表和主要材料、成品、半成品损耗率表、建筑材料预算价格表等，主要用于定额的换算，材料消耗量的计算、调整和制定补充定额的参考依据等。

三、定额项目表示例

表5-2是某省2014年颁发的《建筑与装饰工程计价定额》（墙柱面工程块料面层定额项目表）；表5-3至表5-5分别是吊顶工程轻钢龙骨定额项目表，模板工程现浇混凝土梁定额项目表及定额附录部分混凝土及钢筋混凝土构件模板、钢筋含量表。

表5-2 墙柱面工程块料面层定额项目表

工作内容：1. 清理修补基层表面、打底抹灰、砂浆找平。

2. 送料、抹结合层、排版、切割、贴砖、擦缝、清洁面层。 计量单位：10 m²

定额编号					14-80		14-81	
项 目			单 位	单 价	单块面积 0.6 m²以内墙砖			
					砂浆粘贴			
					墙面		柱、梁、零星面	
					数量	合计	数量	合计
综合单价			元		2 621.93		2 807.09	
其中	人工费		元		373.15		472.60	
	材料费		元		2 101.66		2 150.47	
	机械费		元		6.61		6.69	
	管理费		元		94.94		119.82	
	利润		元		45.87		57.51	
	一类工		工日	85.00	4.39	373.15	5.56	472.60
材料	06612143	墙面砖 200×300	m³	200.00	10.25	2050.00	10.50	2100.00
	80050126	混合砂浆 1:0.1:2.5	m³	261.36	0.061	15.94	0.061	15.94
	80010125	水泥砂浆 1:3	m³	239.65	0.136	32.59	0.13	31.15
	80110313	901胶素水泥浆	m³	525.21	0.002	1.05	0.002	1.05
	80110303	素水泥浆	m³	472.71	(0.051)	(24.11)	(0.054)	(25.53)
	04010701	白水泥	kg	0.70	1.50	1.05	1.65	1.16
	31110301	棉纱头	kg	6.50	0.10	0.65	0.10	0.65
	31150101	水	m³	4.70	0.081	0.38	0.11	0.52

机械	99050503	灰浆搅拌机拌筒容量 200 L	台班	122.64	0.04	4.91	0.039	4.78
	99230127	石料切割机	台班	14.69	0.116	1.70	0.13	1.91

注：① 墙面砖规格与定额不同，其数量、单价均应换算。
　　② 贴面砂浆用素水泥浆，基价中应扣除混合砂浆、增加括号内的价格。

表 5－3　吊顶工程轻钢龙骨定额项目表

工作内容：1. 吊件加工、安装。
　　　　　2. 定位、弹线、安装吊筋。
　　　　　3. 选料、下料、定位杆控制高度、平整、安装龙骨及横撑附件等。
　　　　　4. 临时加固、调整、校正。
　　　　　5. 预留位置，整体调整。

计量单位：10 m²

定额编号					15－5		15－6		15－7		15－8	
项　目			单位	单价	装配式 U 型（不上人型）轻钢龙骨							
					面层规格 300 mm×600 mm				面层规格 400 mm×600 mm			
					简单		复杂		简单		复杂	
					数量	合计	数量	合计	数量	合计	数量	合计
综合单价			元		657.15		673.37		586.74		639.87	
其中	人工费		元		161.50		181.05		159.80		178.50	
	材料费		元		431.23		420.68		363.16		390.66	
	机械费		元		3.40		3.40		3.40		3.40	
	管理费		元		41.23		46.11		40.80		45.48	
	利润		元		19.79		22.13		19.58		21.83	
材料	一类工		工日	85.00	1.90	161.50	2.13	181.05	1.88	159.80	2.10	178.50
	05030600	普通木成材	m²	1 600.00			0.007	11.20			0.007	11.20
	08310131	轻钢龙骨（小）25×20×0.5	m	2.60			3.40	8.84			3.40	8.84
	08310122	轻钢龙骨（中）50×20×0.5	m	4.00	30.60	122.40	26.70	106.80	25.05	100.20	21.36	85.44
	08310113	轻钢龙骨（大）50×15×1.2	m	6.50	13.68	88.92	18.64	121.16	13.68	88.92	18.64	121.16
	08330300	轻钢龙骨主接件	只	0.60	5.00	3.00	10.00	6.00	5.00	3.00	10.00	6.00
	08330301	轻钢龙骨次接件	只	0.70	9.50	6.65	12.60	8.82	9.00	6.30	12.00	8.40
	08330302	轻钢龙骨小接件	只	0.30			1.30	0.39			1.30	0.39
	08330113	小龙骨垂直吊件	只	0.40			12.50	5.00			12.50	5.00
	08330309	小龙骨平面连接件	只	0.60			12.50	7.50			12.50	7.50
	08330500	中龙骨横撑	m	3.50	33.29	116.52	20.58	72.03	25.61	89.64	20.58	72.03
	08330111	中龙骨垂直吊件	只	0.45	40.00	18.00	41.25	18.56	30.80	13.86	33.00	14.86
	08330310	中龙骨平面连接件	只	0.50	126.00	63.00	67.16	33.58	97.00	48.50	58.10	29.05
	08330107	大龙骨垂直吊件（轻钢）45	只	0.50	16.00	8.00	20.00	10.00	16.00	8.00	20.00	10.00
	08330501	边龙骨横撑	m	3.00			2.02	6.06			2.02	6.06
		其他材料费	元			4.74		4.74		4.74		4.74

机械	其他机械费	元			3.40		3.40		3.40		3.40

表 5 - 4　模板工程现浇混凝土梁定额项目表

工作内容：1. 钢模板安装、拆除、清理、刷润滑剂、场外运输。

2. 木模板及复合模板制作、安装、拆除、刷润滑剂、场外运输。　　　　　计量单位：10 m²

定额编号				21 - 33		21 - 34		21 - 35		21 - 36	
项　　目		单　位	单　价	基础梁				挑梁、单梁、连续梁、框架梁			
				组合钢模板		复合木模板		组合钢模板		复合木模板	
				数量	合计	数量	合计	数量	合计	数量	合计
综合单价		元		391.77		457.35		606.76		634.59	
其中	人工费	元		177.94		188.60		293.56		295.20	
	材料费	元		119.00		182.93		154.87		249.32	
	机械费	元		21.16		11.70		36.29		22.51	
	管理费	元		49.78		50.08		82.46		79.43	
	利润	元		23.89		24.04		39.58		38.13	
	二类工	工日	82.00	2.17	177.94	2.30	188.60	3.68	293.56	3.60	295.20
材料	32011111　组合钢模板	kg	5.00	6.28	31.40			6.34	31.70		
	32010502　复合木模板 18 mm	m²	38.00			2.20	83.60			2.20	83.60
	32020115　卡具	kg	4.88	2.33	11.37	1.17	5.71	3.33	16.25	1.66	8.10
	32020132　钢管支撑	kg	4.19	2.20	9.22	2.20	9.22	6.53	27.36	6.53	27.36
	32090101　周转木材	m²	1 850.00	0.031	57.35	0.039	72.15	0.035	61.75	0.058	107.30
	03510701　铁钉	kg	4.20	0.46	1.93	1.38	5.80	0.33	1.39	2.706	11.37
	03570237　镀锌铁丝 22♯	kg	5.50	0.03	0.17	0.03	0.17	0.03	0.17	0.03	0.17
	回库修理、保养费	元			2.56		1.28		3.65		1.82
	其他材料费	元			5.00		5.00		9.60		9.60
机械	99070906　载货汽车装载质量 4 t	台班	453.50	0.026	11.79	0.013	5.90	0.044	19.95	0.022	9.98
	99090503　汽车式起重机提升质量 5 t	台班	531.62	0.017	9.04	0.009	4.78	0.03	15.95	0.015	7.97
	99210103　木工圆锯机直径 500 mm	台班	27.63	0.012	0.33	0.037	1.02	0.014	0.39	0.165	4.56

注：① 基础梁中含有底模。

② 斜梁坡度大于 10°时，人工乘以系数 1.15，支撑乘以系数 1.20，其他不变。

表5-5 混凝土及钢筋混凝土构件模板、钢筋含量表

分类	项目名称		混凝土计量单位	含模量（m²）	含钢筋量（t/m³）	
					∅12 mm 以内	∅12 mm 以外
带形基础	混凝土墙基础防潮层		m³	8.33	0.040	—
	混凝土垫层		m³	1.00	—	—
	毛石混凝土		m³	2.00	—	—
	混凝土		m³	2.50	—	—
	碎石垫层上混凝土看台		m³	1.00	—	—
	有梁式钢筋混凝土		m³	1.89	0.021	0.049
	无梁式钢筋混凝土		m³	0.74	0.021	0.049
基础	毛石混凝土		m³	1.30	—	—
	混凝土		m³	1.88	—	—
	普通柱基		m³	1.76	0.012	0.028
	杯形基础		m³	1.75	0.009	0.021
	高颈杯形基础		m³	4.50	0.020	0.048
满堂基础	垫层		m³	0.20	—	—
	无梁式		m³	0.52	0.024	0.056
	有梁式		m³	1.52	0.034	0.079
设备基础	毛石混凝土	5 m³ 以内	m³	3.50	0.009	0.021
	混凝土	单体在 20 m³ 以内	m³	2.23	0.009	0.021
	钢筋混凝土	20 m³ 以外	m³	1.20	0.009	0.021
框架设备基础	底板		m³	2.22	0.015	0.036
	墩柱		m³	4.43	0.038	0.088
	梁、板		m³	3.70	0.051	0.119
柱	矩形柱	断面周长在 1.60 m 以内	m³	13.33	0.038	0.088
		2.50 m 以内	m³	8.00	0.050	0.116
		3.60 m 以内	m³	5.56	0.052	0.122
		5.00 m 以内	m³	3.89	0.056	0.131
		5.00 m 以外	m³	3.00	0.060	0.140
	构造柱		m³	11.10	0.038	0.088
	框架柱接头		m³	7.00	0.028	0.065
	圆柱、多边形柱周长在	1.50 m 以内	m³	11.43	0.040	0.093
		2.50 m 以内	m³	6.67	0.042	0.098
		4.00 m 以内	m³	4.00	0.045	0.105
		4.00 m 以外	m³	2.67	0.048	0.112
	T、L、+异形柱每边宽在	50 mm 以内	m³	13.33	0.048	0.112
		50 mm 以外	m³	12.00	0.048	0.112

续　表

分类	项目名称	混凝土计量单位	含模量（m²）	含钢筋量（t/m³）	
				⌀12 mm 以内	⌀12 mm 以外
梁	单梁、框架梁、挑梁、连续梁(包括弧形、拱形)，斜梁	m³	8.68	0.043	0.100
	异形梁	m³	10.70	0.047	0.109
	基础梁(有底模)	m³	10.22	0.036	0.083
	地坑支撑梁(无底模)	m³	2.50	0.048	0.113
	圈梁	m³	8.33	0.017	0.040
	过梁	m³	12.00	0.032	0.074

注：T.L.＋异形柱两边宽不同时，以长边为准。

四、预算定额的编制原则与编制依据

（一）预算定额的编制原则

为保证预算定额的质量，充分发挥预算定额的作用，实际使用简便，在编制工作中应遵循以下原则：

（1）按社会平均水平确定预算定额的原则。预算定额是确定和控制建筑安装工程造价的主要依据，因此，它必须遵照价值规律的客观要求，即按生产过程中所消耗的社会必要劳动时间确定定额水平，所以预算定额的平均水平，是在正常的施工条件下，合理的施工组织和工艺条件、平均劳动熟练程度和劳动强度下，完成单位分项工程基本构造要素所需要的劳动时间。

（2）简明适用的原则。预算定额的内容和形式，即能满足不同用途的需要、具有多方面的适用性，又要简单明了，易于掌握和应用。两者有联系又有区别，简明性应满足适用性的要求。

贯彻这个原则，要特别注意项目齐全，粗细恰当，步距合理；文字要简明扼要，通俗易懂。

项目齐全对定额适用性的关系很大，应把已经成熟推广的新技术、新结构、新材料和先进经验的新项目编进定额。对缺漏项目，应注意积累资料，尽快补充定额。

定额项目划分要粗细恰当。细则精确高但较复杂，粗虽简明但精确度低。在现行制度下，粗细程度应满足结算的要求。在设计上应满足对设计方案进行技术经济分析比较，在企业经营管理上能满足经济核算的要求。对于主要的常用的项目，应划分细些；次要的价值不大的项目可粗一些；近似项目可以合并。

定额项目的步距是指同类性质的一组定额在合并时保留的间距。步距大，项目减少，但精确度降低；步距小，则项目增多，但精确度提高通常对于主要的常用的项目。步距应小一些；次要的不常用的项目，步距适当放大些。

贯彻简明适用原则，应注意计量单位的选择、工程量计算的合理与简化。同时为稳定定额水平，统一考核尺度和简化工作，除了变化较多和影响造价较大的因素应允许换算外，定额要尽量少留活口，减少换算工作量，利于维护定额的严肃性。

（二）预算定额的编制依据

（1）现行劳动定额和施工定额。预算定额是在现行劳动定额和施工定额的基础上编制

的,预算定额中人工、材料、机械台班消耗水平,要根据劳动定额或施工定额取定;预算定额的计量单位的选择,也要以施工定额为参考,从而保证两者的协调和可比性,减轻预算定额的编制工作量,缩短编制时间。

（2）现行设计规范、施工及验收规范;质量评定标准和安全操作规程。主要有:建筑安装工程施工验收规范,建筑安装工程设计规范,建筑安装工程施工操作规范;安装工程质量评定标准,建筑安装工程施工安全操作规程。

（3）具有代表性的典型工程施工图及有关标准图。对这些图纸进行仔细分析研究,并计算出工程数量,作为编制定额时选择施工方法确定定额含量的依据。

（4）新技术、新结构、新材料和先进的施工方法等。这类资料是调整定额水平和增加新的定额项目所必需的依据。

（5）有关科学实验、技术测定和统计、经验资料。这类工程是确定定额水平的重要依据。

（6）现行的预算定额、材料预算价格及有关文件规定等。包括过去定额编制过程中积累的基础资料,也是编制预算定额的依据和参考。

五、预算定额的编制步骤

预算定额的编制,大致可以分为准备工作,收集资料,编制定额,报批和修改定稿五个阶段。各阶段工作相互有交叉,有些工作还有多次反复。其中,预算定额编制阶段的主要工作如下:

（一）准备工作阶段

准备工作阶段的主要工作内容:

1. 成立编制领导小组和专业编制小组

成立编制领导小组,抽调人员,根据专业需要划分编制小组和综合组。

2. 拟定编制方案

（1）编写制定定额的目的和任务。

（2）确定定额编制范围及编制内容。

（3）明确定额的编制原则、水平要求、项目划分和表现形式。

（4）定额的编制依据。

（5）拟定参加编制定额单位及人员。

（6）确定编制地点及编制定额的经费来源。

（7）提出编制工作的规划及时间安排。

（二）收集资料阶段

1. 普遍收集资料

在已确定的编制范围内,采取表格形式收集定额编制基础资料,以统计资料为主,注明所需的资料内容、填表要求和时间范围,统一口径便于资料整理。

2. 专题座谈

邀请建设单位、设计单位、施工单位及其他有关单位有经验的专业人员开座谈会,请他们从不同的角度就以往定额存在的问题谈各自意见和建议,以便在编制新定额时改进。

3. 收集现行规定、规范和政策法规资料

（1）现行的定额及有关资料。

（2）现行的建筑安装工程施工及验收规范。

（3）安全技术操作规程和现行有关劳动保护的政策法令。

（4）国家统一设计标准规范。

（5）编制定额必须依据的其他有关资料。

4. 收集定额管理部门积累的资料

（1）日常定额解释资料。

（2）补充定额资料。

（3）新结构、新工艺、新材料、新机械、新技术用于工程实践的资料。

5. 专项查定及实验

主要指混凝土配合比和砌筑砂浆实验资料除收集实验、试配资料外，还应收集一定数量的现场实际配合比资料。

（三）定额编制阶段

拟定编制细则

（1）统一编制表格及编制方法。

（2）统一计算口径、计量单位和小数点位数的要求。

（3）统一名称、用字、专业用语、符号代码等。

（4）确定定额的项目划分和工程量计算规则。

（5）定额人工、材料、机械台班耗用量的计算、复核和测算。

（四）定额审核阶段

1. 审核定稿

定额初稿的审核工作是定额编制过程中必要的程序，是保证定额编制质量的措施之一。审稿工作的人选应由具备丰富经验、责任心强、多年从事定额工作的专业技术人员来承担。

审稿主要审核以下内容：

（1）文字表达是否确切通顺，简明易懂。

（2）定额的数字是否准确无误。

（3）章节、项目之间有无矛盾。

2. 定额水平测算

在新定额编制成稿向上级机关报告以前，必须与原定额进行对比测算，分析水平升降原因，测算方法如下：

（1）按工程类别比重测算。首先在定额执行范围内选择有代表性的各类工程，分别以新旧定额对比测算的年限，以工程所占比例加权以考察宏观影响。

（2）单项工程比较测算法。以典型工程分别用新旧定额对比测算，以考察定额水平升降及其原因。

3. 征求意见

定额编制初稿完成以后，需要征求各有关方面意见和组织讨论，通过反馈意见分析研究，在统一意见基础上整理分类，制定修改方案。

（五）定稿报批、整理资料阶段

1. 修改整理报批

按照修改方案，将初稿按照定额的顺序进行修改，要求完整、字体清楚，经审核无误后形成报批稿,批准后交付印刷。

2. 撰写编制说明

定额批准后,为顺利贯彻执行,需要撰写出新定额编制说明,主要内容包括:

(1) 项目、子目数量。

(2) 人工、材料、机械的内容范围。

(3) 资料的依据和综合取定情况

(4) 定额中允许换算和不允许换算的规定计算资料。

(5) 施工方法、工艺的选择及材料运距的考虑。

(6) 各种材料损耗率的取定资料。

(7) 调整系数的使用。

(8) 其他说明的事项与计算数据、资料。

3. 立档、成卷

定额编制资料是贯彻执行中需查对资料的唯一依据,也为以后编制定额提供了历史资料数据。应作为技术档案永久保存。

六、预算定额消耗量的编制方法

确定预算定额人工、材料、机械台班消耗指标时,必须先按施工定额的分项逐项计算出消耗指标,然后,再按预算定额的项目加以综合,但是,这种综合不是简单的合并和相加,而需要在综合过程中增加两种定额之间的适当的水平差。预算定额的水平,首先取决于这些消耗量的合理确定。

人工、材料和机械台班消耗量指标,应根据定额编制原则和要求,采用理论与实际相结合、图纸计算与施工现场测算相结合、编制人员与现场工作人员相结合等方法进行计算和确定,使定额既符合政策要求,又与客观情况一致,便于贯彻执行。

(一)预算定额中人工工日消耗量的计算

人工的工日数可以有两种确定方法。一种是以劳动定额为基础确定;另一种是以现场观察测定资料为基础计算,主要用于遇到劳动定额缺项时,采用现场工作日写实等测时方法测定和计算定额的人工耗用量。预算定额中人工工日消耗量是指在正常施工条件下,生产单位合格产品所必需消耗的人工工日数量,是由分项工程所综合的各个工序劳动定额包括的基本用工、其他用工两部分组成的。

1. 基本用工

基本用工指完成一定计量单位的分项工程或结构构件的各项工作过程的施工任务所必需消耗的技术工种用工。按技术工种相应劳动定额工时定额计算,以不同工种列出定额工日。基本用工包括:

① 完成定额计量单位的主要用工。按综合取定的工程量和相应劳动定额进行计算。计算公式如下

$$基本用工 = \sum(综合取定的工程量 \times 劳动定额) \tag{5-1}$$

例如工程实际中的砖基础,有1砖厚,1砖半厚,2砖厚等之分,用工各不相同,在预算定额中由于不区分厚度,需要按照统计的比例,加权平均得出综合的人工消耗。

② 按劳动定额规定应增(减)计算的用工量。例如在砖墙项目中,分项工程的工作内容包括了附墙烟囱孔、垃圾道、壁橱等零星组合部分的内容,其人工消耗量相应增加附加人工消耗。由于预算定额是在施工定额子目的基础上综合扩大的,包括的工作内容较多,施工的工效视具体部位而不一样,所以需要另外增加人工消耗,而这种人工消耗也可以列入基本用工内。

2. 其他用工

其他用工是辅助基本用工消耗的工日,包括超运距用工、辅助用工和人工幅度差用工。

(1) 超运距用工。超运距是指劳动定额中已包括的材料、半成品场内水平搬运距离与预算定额所考虑的现场材料、半成品堆放地点到操作地点的水平运输距离之差。计算公式如下:

$$超运距 = 预算定额取定运距 - 劳动定额已包括的运距 \tag{5-2}$$

$$超运距用工 = \sum(超运距材料数量 \times 时间定额) \tag{5-3}$$

需要指出,实际工程现场运距超过预算定额取定运距时,可另行计算现场二次搬运费。

(2) 辅助用工。指技术工种劳动定额内不包括而在预算定额内又必须考虑的用工,例如机械土方工程配合用工、材料加工(筛砂、洗石、淋化石膏),电焊点火用工等。计算公式如下:

$$辅助用工 = \sum(材料加工数量 \times 相应的加工劳动定额) \tag{5-4}$$

(3) 人工幅度差。即预算定额与劳动定额的差额,主要是指在劳动定额中未包括而在正常施工情况下不可避免但又很难准确计量的用工和各种工时损失,内容包括:a. 各工种间的工序搭接及交叉作业,相互配合或影响所发生的停歇用工;b. 施工机械在单位工程之间转移及临时水电线路移动所造成的停工;c. 质量检查和隐蔽工程验收工作的影响;d. 班组操作地点转移用工;e. 工序交接时对前一工序不可避免的修整用工;f. 施工中不可避免的其他零星用工。

人工幅度差计算公式如下:

$$人工幅度差 = (基本用工 + 辅助用工 + 超运距用工) \times 人工幅度差系数 \tag{5-5}$$

人工幅度差系数一般为 $10\% \sim 15\%$。在预算定额中,人工幅度差的用工量列入其他用工量中。

(二) 预算定额中材料消耗量的计算

材料消耗量计算方法主要有:

(1) 凡有标准规格的材料,按规范要求计算定额计量单位的耗用量,如砖、防水卷材、块料面层等。

(2) 凡设计图纸标注尺寸及下料要求的按设计图纸尺寸计算材料净用量,如门窗制作用材料、方、板料等。

(3) 换算法。各种胶结、涂料等材料的配合比用料,可以根据要求条件换算,得出材料用量。

(4) 测定法。包括实验室试验法和现场观察法。指各种强度等级的混凝土及砌筑砂浆配合比的耗用原材料数量的计算,须按照规范要求试配,经过试压合格以后并经过必要的调整后得出的水泥、砂子、石子、水的用量。对新材料、新结构又不能用其他方法计算定额消耗用量时,须用现场测定方法来确定,根据不同条件可以采用写实记录法和观察法,得出定额的消耗量。

材料损耗量,指在正常条件下不可避免的材料损耗,如现场内材料运输及施工操作过程中的损耗等,其关系式如下:

$$材料损耗率＝损耗量/净用量×100\% \qquad (5-6)$$

$$材料损耗量＝材料净用量×损耗率(\%) \qquad (5-7)$$

$$材料消耗量＝材料净用量＋损耗量 \qquad (5-8)$$

或

$$材料消耗量＝材料净用量×[1＋损耗率(\%)] \qquad (5-9)$$

(三)预算定额中机械台班消耗量的计算

预算定额中的机械台班消耗量是指在正常施工条件下,生产单位合格产品(分部分项工程或结构构件)必须消耗的某种型号施工机械的台班数量。

1. 根据施工定额确定机械台班消耗量的计算。这种方法是指用施工定额中机械台班产量加机械幅度差计算预算定额的机械台班消耗量。

机械台班幅度差是指在施工定额中所规定的范围内没有包括,而在实际施工中又不可避免产生的影响机械或使机械停歇的时间,其内容包括:

(1)施工机械转移工作面及配套机械相互影响损失的时间。

(2)在正常施工条件下,机械在施工中不可避免的工序间歇。

(3)工程开工或收尾时工作量不饱满所损失的时间。

(4)检查工程质量影响机械操作的时间。

(5)临时停机、停电影响机械操作的时间。

(6)机械维修引起的停歇时间。

大型机械幅度差系数为:土方机械 25\%,打桩机械 33\%,吊装机械 30\%。砂浆、混凝土搅拌机由于按小组配用,以小组产量计算机械台班产量,不另增加机械幅度差。其他分部工程中如钢筋加工、木材、水磨石等各项专用机械的幅度差为 10\%。

综上所述,预算定额的机械台班消耗量按下式计算:

$$预算定额机械耗用台班＝施工定额机械耗用台班×(1＋机械幅度差系数) \qquad (5-10)$$

例 5-1　已知某挖土机挖土,一次正常循环工作时间是 40 s,每次循环平均挖土量 0.3 m³,机械正常利用系数为 0.8,机械幅度差是为 25\%。求该机械挖土方 1 000 m³ 的预算定额机械耗用台班量。

解　机械纯工作 1 h 循环次数＝3 600/40＝90(次/台时)

机械工作 1 h 正常生产率＝90×0.3＝27(m³/台班)

施工机械台班产量定额＝27×8×0.8＝172.8(m³/台班)

施工机械台班时间定额＝1/172.8＝0.005 79(台/m³)

预算定额机械耗用台班＝0.005 79×(1＋25\%)＝0.007 23(台/m³)

挖土方 1 000 m³ 的预算定额机械耗用台班量＝1 000×0.007 23＝7.23 台班

2. 以现场测定资料为基础确定机械台班消耗量。如遇到施工定额缺项者,则需要依据单位时间完成的产量测定,具体方法可参见单元 3 任务 4。

七、预算定额基价编制

预算定额基价就是预算定额分项工程或结构构件的单价,包括人工费、材料费和机械台班使用费,也称工料单价或直接工程费单价。

预算定额基价一般通过编制单位估价表、地区单位估价表及设备安装价目表所确定的单价,用于编制施工图预算,在预算定额中列出的"预算价值"或"基价",应视作该定额编制时的工程单价。

预算定额基价的编制方法,简单说就是工、料、机的消耗量和工、料、机单价的结合过程。其中,人工费是由预算定额中每一分项工程用工数,乘以地区人工工日单价计算出;材料费是由预算定额中每一分项工程的各种材料消耗量,乘以地区相应材料预算价格之和算出;机械费是由预算定额中每一分项工程的各种机械台班消耗量,乘以地区相应施工机械台班预算价格之和算出。

分项工程预算定额基价的计算公式:

$$分项工程预算定额基价=人工费+材料费+机械使用费 \qquad (5-11)$$

$$人工费=\sum(现行预算定额中人工工日用量×人工日工资单价) \qquad (5-12)$$

$$材料费=\sum(现行预算定额中各种材料耗用量×相应材料单价) \qquad (5-13)$$

$$机械使用费=\sum(现行预算定额中机械台班用量×机械台班单价) \qquad (5-14)$$

预算定额基价是根据现行定额和当地的价格水平编制的;具有相对的稳定住。但是为了适应市场价格的变动,在编制预算时,必须根据工程造价管理部门发布的调价文件对固定的工程预算单价进行修正,修正后的工程单价乘以根据图纸计算出来的工程量,就可以获得符合实际市场情况的工程的直接工程费。

例 5-2 某预算定额基价的编制过程如表 5-6 所示。求其中定额子目 3-1 的定额基价。

表 5-6 某预算定额基价表(单位:10 m³)

定额编号				3-1		3-2		3-4	
项 目		单 位	单 价 (元)	砖基础		混水砖墙			
						1/2 砖		1 砖	
				数量	合价	数量	合价	数量	合价
基价				1 254.31		1 438.86		1 323.51	
其中	人工费			303.36		518.20		413.74	
	材料费			931.65		904.70		891.35	
	机械费			19.30		15.96		18.42	

续　表

定额编号				3-1		3-2		3-4	
综合工日		工日	25.73	11.790	303.36	20.140	518.20	16.080	413.74
项　目		单　位	单价（元）	砖基础		混水砖墙			
						1/2 砖		1 砖	
				数量	合价	数量	合价	数量	合价
材料	水泥砂浆 M5	m³	93.92			1.950	183.14	2.250	211.32
	水泥砂浆 M10	m³	110.82	2.360	261.53				
	标准砖	百块	12.70	52.36	664.97	56.41	716.41	53.14	674.88
	水	m³	2.06	2.500	5.15	2.500	5.15	2.500	5.15
机械	灰浆搅拌机 200 L	台班	49.11	0.393	19.30	0.25	15.96	0.375	18.42

解　定额人工费＝25.73×11.790＝303.36（元）

定额材料费＝110.82×2.36＋12.70×52.36＋2.06×2.50＝931.65（元）

定额机械台班费＝49.11×0.393＝19.30（元）

定额基价＝303.36＋931.65＋19.30＝1 254.31（元）

任务 2　概算定额

一、概算定额的概念、特点和作用

（一）概算定额的概念

概算定额，是在预算定额基础上，确定完成合格的单位扩大分项工程或单位扩大结构构件所需消耗的人工、材料和施工机械台班的数量标准及其费用标准。概算定额又称扩大结构定额。

（二）概算定额的特点

概算定额是预算定额的合并与扩大。它将预算定额中有联系的若干个分项工程项目综合为一个概算定额项目。如砖基础概算定额项目，就是以砖基础为主，综合了平整场地、挖地槽、铺设垫层、砌砖基础、铺设防潮层、回填土及运土等预算定额中分项工程项目。

概算定额与预算定额的相同之处是它们都是以建（构）筑物各个结构部分和分部分项工程为单位表示的，内容也包括人工、材料和机械台班使用量定额三个基本部分，并列有基准价。概算定额表达的主要内容、表达的主要方式及基本使用方法都与预算定额相近。

概算定额与预算定额的不同之处是项目划分和综合扩大程度上的差异，同时，概算定额主要用于设计概算的编制。由于概算定额综合了若干分项工程的预算定额，因此使概算工程量计算和概算表的编制，都比编制施工图预算简化一些。

（三）概算定额的作用

从1957年我国开始在全国试行统一的《建筑工程扩大结构定额》之后，各省、市、自治区根据本地区的特点，相继编制了本地区的概算定额。为了适应建筑业的改革，原国家计委、建设银行总行在计标〔1985〕352号文件中指出，概算定额和概算指标由省、市、自治区在预算定额基础上组织编写，分别由主管部门审批，报国家计划委员会备案。

概算定额主要作用如下：

（1）是初步设计阶段编制概算、扩大初步设计阶段编制修正概算的主要依据。

（2）是对设计项目进行技术经济分析比较的基础资料之一。

（3）是建设工程主要材料计划编制的依据。

（4）是控制施工图预算的依据。

（5）是施工企业在准备施工期间，编制施工组织总设计或总规划时，对生产要素提出需要量计划的依据。

（6）是工程结束后，进行竣工决算和评价的依据。

（7）是编制概算指标的依据。

二、概算定额的编制原则与编制依据

（一）概算定额的编制原则

（1）贯彻社会平均水平的原则。由于概算定额和预算定额都是工程计价的依据，所以应符合价值规律和反映现阶段生产力的发展水平。在概、预算定额水平之间应保留必要的幅度差，并在概算定额的编制过程中严格控制。

（2）遵循扩大、综合和简化计算的原则。这主要是相对预算定额而言。概算定额的项目以主体结构的分部分项为主，综合其他有关项目的同时，对项目综合的内容、工程量计算和不同项目的换算等问题，概算定额编制时应力求简化。

（3）符合简明、适用和准确的原则。概算定额的项目划分、排列、定额内容、表现形式以及编制深度，要简明、适用和准确。力求计算简单、项目齐全、不漏项，在规定精确度的控制幅度内，保证定额质量和概算质量，并满足编制概算指标的要求。在确定定额编号时，要考虑运用统筹法和电子计算机编制概算的要求，以简化概算的编制工作，进而提高工作效率。

（4）坚持不留和少留活口的原则。为了满足事先确定造价，控制项目投资，同时，也为了稳定统一概算定额的水平，考核和简化工程量计算，概算定额的编制，要尽量不留或少留活口。

（二）概算定额的编制依据

（1）国务院各有关部门和各省、自治区、直辖市批准颁发的标准设计图集和有代表性的设计图纸等。

（2）现行设计标准规范、施工验收规范、建筑安装工程操作规程和安全规程等。

（3）现行的概算定额及其编制资料。

（4）现行建筑安装工程预算定额和施工定额。

（5）国家、地区颁发的有关政策性文件、文献和规定等。

（6）有关的工程概算、施工图预算、工程结算和工程决算等经济技术资料。

（7）编制期人工工资标准、材料预算价格、机械台班费用等。

三、概算定额的内容组成

按专业特点和地区特点编制的概算定额手册,内容基本上是由文字说明、定额项目表和附录三个部分组成。

（一）概算定额的内容与形式

1. 文字说明部分

文字说明部分有总说明和分部工程说明。在总说明中,主要阐述概算定额的编制依据、使用范围、包括的内容及作用、应遵守的规则及建筑面积计算规则等。分部工程说明主要阐述本分部工程包括的综合工作内容及分部分项工程的工程量计算规则等。

2. 定额项目表

主要包括以下内容

（1）定额项目的划分。概算定额项目一般按以下两种方法划分:一是按工程结构划分:一般是按土石方、基础、墙、梁、板、柱、门窗、楼地面、屋面、装饰、构筑物等工程结构划分。二是按工程部位（分部）划分:一般是按基础、墙体、梁柱、楼地面、屋盖、其他工程部位等划分,如基础工程中包括了砖、石、混凝土基础等项目。

（2）定额项目表。定额项目表是概算定额手册的主要内容,由若干分节定额组成。各节定额有工程内容、定额表及附注说明组成。定额表中列有定额编号、计量单位、概算价格、人工、材料、机械台班消耗量指标,综合了预算定额的若干项目与数量。表 5-7 为某现浇钢筋混凝土矩形柱概算定额。

表 5-7 某现浇钢筋混凝土柱概算定额

工作内容:模板安拆、钢筋绑扎安放、混凝土浇捣养护

定额编号		3002	3003	3004	3005	3006
项 目		现浇钢筋混凝土柱				
		矩 形				
		周长 1.5 m 以内	周长 2.0 m 以内	周长 2.5 m 以内	周长 3.0 m 以内	周长 3.0 m 以外
		m³	m³	m³	m³	m³
工、料、机名称（规格）	单位	数量				
人 工	混凝土工	工日	0.818 7	0.818 7	0.818 7	0.818 7	0.818 7
	钢筋工	工日	1.103 7	1.103 7	1.103 7	1.103 7	1.103 7
	木工（装饰）	工日	4.767 6	4.083 2	3.059 1	2.179 8	1.492 1
	其他工	工日	2.034 2	1.790 0	1.424 5	1.110 7	0.865 3

定额编号		3002	3003	3004	3005	3006
项 目		现浇钢筋混凝土柱				
		矩 形				
		周长 1.5 m 以内	周长 2.0 m 以内	周长 2.5 m 以内	周长 3.0 m 以内	周长 3.0 m 以外
		m³	m³	m³	m³	m³
材料	泵送预拌混凝土	m³	1.015 0	1.015 0	1.015 0	1.015 0	1.015 0
	木模板成材	m³	0.036 3	0.031 1	0.023 3	0.016 6	0.014 4
	工具式组合钢模板	kg	9.708 7	8.315 0	6.229 4	4.438 8	3.038 5
	扣件	只	1.179 9	1.010 5	0.757 1	0.539 4	0.369 3
	零星卡具	kg	3.735 4	3.199 2	2.396 7	1.707 8	1.169 0
	钢支撑	kg	1.290 0	1.104 9	0.827 7	0.589 0	0.403 7
	柱缝、梁夹具	kg	1.957 9	1.676 8	1.256 3	0.895 2	0.612 8
	钢丝 18°~22°	kg	0.902 4	0.902 4	0.902 4	0.902 4	0.902 4
	水	m³	1.276 0	1.276 0	1.276 0	1.276 0	1.276 0
	圆钉	kg	0.747 5	0.640 2	0.479 6	0.341 8	0.234 0
	草袋	m²	0.086 5	0.086 5	0.086 5	0.086 5	0.086 5
	成型钢筋	t	0.193 9	0.193 9	0.193 9	0.193 9	0.193 9
	其他材料费	%	1.090 6	0.957 9	0.746 7	0.552 3	0.391 6
机械	汽车式起重机 5 t	台班	0.028 1	0.024 1	0.018 0	0.012 9	0.008 8
	载重汽车 4 t	台班	0.042 2	0.036 1	0.027 1	0.019 3	0.013 2
	混凝土输送泵车 75 m³/h	台班	0.010 8	0.010 8	0.010 8	0.010 8	0.010 8
	木工圆锯机 ⌀500 mm	台班	0.010 5	0.009 0	0.006 6	0.004 8	0.003 3
	混凝土振捣器插入式	台班	0.100 0	0.100 0	0.100 0	0.100 0	0.100 0

表 5-8 挖淤泥、湿土、流沙概算定额

工程内容：人工挖运：1. 挖土；2. 装土；3. 运输；4. 卸除；5. 空回。

挖掘机挖装：1. 安设挖掘机；2. 挖淤泥、流沙；3. 装车或堆放一边；4. 移动位置；5. 清理工作面。

单位：1 000 m³

顺序号	项 目	单 位	代 号	人工挖运				挖掘机挖装淤泥、流沙
				第一个 20 m 挖运			人力挑拾，每增运 10 m	
				淤 泥	砂性湿土	黏性湿土		
				1	2	3	4	5
1	人工	工日	1	547.0	301.6	441.0	28.6	10.0

顺序号	项　目	单位	代号	人工挖运			人力挑拾，每增运 10 m	挖掘机挖装淤泥、流沙
				第一个 20 m 挖运				
				淤　泥	砂性湿土	黏性湿土		
				1	2	3	4	5
2	75 kW 以内履带式推土机	台班	1 003	—		—	—	2.10
3	0.6 m³ 以内履带式单斗挖掘机	台班	1 027	—		—	—	6.48
4	基价	元	1 999	26 912	14 839	21 697	1 407	5 019

注：① 如需排水时，排水费用另行计算；

② 本定额不包括挖掘机的场内支垫费用，如发生，按实计算；

③ 挖掘机挖装淤泥、流沙如需远运，按土方运输定额另行计算。

（二）概算定额应用规则

（1）符合概算定额规定的应用范围。

（2）工程内容、计量单位及综合程度应与概算定额一致。

（3）必要的调整和换算应严格按定额的文字说明和附录进行。

（4）避免重复计算和漏项。

（5）参考预算定额的应用规则。

四、概算定额的编制方法及编制步骤

（一）概算定额的编制方法

编制概算定额的方法与编制预算定额方法是一致的。所不同的是预算定额是以施工定额、劳动定额为基础编制，概算定额是以预算定额为基础编制的。它们的编制基础不同，而编制步骤、方法类同。

编制概算定额，确定定额子目各项消耗指标时，首先要根据经过选择确定的设计图纸和工程量计算规则计算出工程量，再根据该项目所综合的预算定额项目分别套用预算定额中的人工、材料、机械台班消耗量，综合后，得出概算定额项目的人工、材料及机械台班的消耗数量。

概算定额子目各种消耗指标确定后，分别乘以相应的人工工资单价、材料预算价格和机械台班单价、汇总后得出该子目的预算价值，并将各项消耗指标（量）和预算价值（价）分别填入概算定额表内。依次编制各章概算定额的定额表。

最后修改定稿，颁发执行。

（二）概算定额的编制步骤

概算定额的编制一般分四阶段进行，即准备阶段、编制初稿阶段、测算阶段和审查定稿阶段。

1. 准备阶段

该阶段主要是确定编制机构和人员组成，进行调查研究，了解现行概算定额执行情况和存在问题，明确编制的目的，制定概算定额的编制方案和确定概算定额的项目。

2.编制初稿阶段

该阶段是根据已经确定的编制方案和概算定额项目,收集和整理各种编制依据,对各种资料进行深入细致的测算和分析,确定人工、材料和机械台班的消耗量指标,最后编制概算定额初稿。概算定额水平与预算定额水平之间应有一定的幅度差,幅度差一般在5%以内。

3.测算阶段

该阶段的主要工作是测算概算定额水平,即测算新编制概算定额与原概算定额及现行预算定额之间的水平、测算的方法既要分项进行测算,又要通过编制单位工程概算以单位工程为对象进行综合测算。

4.审查定稿阶段

概算定额经测算比较定稿后,可报送国家授权机关审批。

五、概算定额基价编制

概算定额基价和预算定额基价一样,都只包括人工费、材料费和机械费。是通过编制扩大单位估价表所确定的单价,用于编制设计概算。概算定额基价和预算定额价的编制方法相同,概算定额基价按下列公式计算:

$$概算定额基价 = 人工费 + 材料费 + 机械费 \qquad (5-15)$$

$$人工费 = 现行概算定额中人工工日消耗量 \times 人工单价 \qquad (5-16)$$

$$材料费 = \sum(现行概算定额中材料消耗量 \times 相应材料单价) \qquad (5-17)$$

$$机械费 = \sum(现行概算定额中机械台班消耗量 \times 相应机械台班单价) \qquad (5-18)$$

表5-9为某现浇钢筋混凝土柱概算定额基价表示形式。

表 5-9 某现浇钢筋混凝土柱概算定额

工程内容:模板制作、安装、拆除,钢筋制作、安装,混凝土浇捣、抹灰、刷浆。　　　　　　　　计量单位:10 m³

概算定额编号			4-3		4-4	
项　目	单　位	单价/元	矩形柱			
			周长1.8 m以内		周长1.8 m以外	
			数量	合价	数量	合价
基价	元		13 428.76		12 947.26	
其中	人工费	元	2 116.40		1 728.76	
	材料费	元	10 272.03		10 361.83	
	机械费	元	1 040.33		856.67	
合计工	工日	22.00	96.20	2 116.40	78.58	1 728.76

续　表

概算定额编号			4-3		4-4	
项　目	单　位	单价/元	矩形柱			
			周长 1.8 m 以内		周长 1.8 m 以外	
			数量	合价	数量	合价
材料	中(粗)砂(天然)	t	35.81	9.494	339.98	8.817	315.74
	碎石 5~20 mm	t	36.18	12.207	441.65	12.207	441.65
	石灰膏	m³	98.89	0.221	20.75	0.155	14.55
	普通木成材	m³	1 000.00	0.302	302.00	0.187	187.00
	圆钢(钢筋)	t	3 000.00	2.188	6 564.00	2.407	7 221.00
	组合钢模板	kg	4.00	64.416	257.66	39.848	159.39
	钢支撑(钢管)	kg	4.85	34.165	165.70	21.134	102.50
	零星卡具	kg	4.00	33.954	135.82	21.004	84.02
	铁钉	kg	5.96	3.091	18.42	1.912	11.40
	镀锌铁丝 22°	kg	8.07	8.368	67.53	9.206	74.29
	电焊条	kg	7.84	15.644	122.65	17.212	134.94
	803 涂料	kg	1.45	22.901	33.21	16.038	23.26
	水	m³	0.99	12.700	12.57	12.300	12.21
	水泥 452°	kg	0.25	664.459	166.11	517.117	129.28
	水泥 525°	kg	0.30	4 141.200	1 242.36	4 141.200	1 242.36
	脚手架	元			196.00		90.60
	其他材料费	元			185.62		117.64
机械	垂直运输费	元			628.00		510.00
	其他机械费	元			412.33		346.67

<h1 style="text-align:center">任务 3　概算指标</h1>

一、概算指标的概念及作用

建筑安装工程概算指标通常是以单位工程为对象,以建筑面积、体积或成套设备装置的台或组为计量单位而规定的人工、材料、机械台班的消耗量标准和造价指标。

从上述概念中可以看出,建筑安装工程概算定额与概算指标的主要区别如下:

(一)确定各种消耗量指标的对象不同

概算定额是以单位扩大分项工程或单位扩大结构构件为对象,而概算指标则是以单位工程为对象。因此概算指标比概算定额更加综合与扩大。

（二）确定各种消耗量指标的依据不同

概算定额以现行预算定额为基础，通过计算之后综合确定出各种消耗量指标，而概算指标中各种消耗量指标的确定，则主要来自各种预算或结算资料。

概算指标和概算定额、预算定额一样，都是与各个设计阶段相适应的多次性计价的产物，它主要用于投资估价及工程初步设计阶段，其作用主要有：

1. 概算指标可以作为编制投资估算的参考。

2. 概算指标是初步设计阶段编制概算书，确定工程概算造价的依据。

3. 概算指标中的主要材料指标可以作为匡算主要材料用量的依据。

4. 概算指标是设计单位进行设计方案比较、设计技术经济分析的依据。

5. 概算指标是编制固定资产投资计划，确定投资额和主要材料计划的主要依据。

二、概算指标的分类及表现形式

（一）概算指标的分类

概算指标可分为两大类，一类是建筑工程概算指标，另一类是设备及安装工程概算指标，如图 5-2 所示。

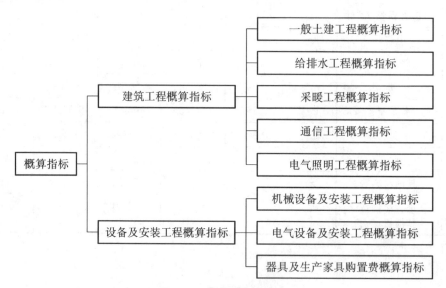

图 5-2　概算指标分类图

（二）概算指标的组成内容及表现形式

1. 概算指标的组成内容一般分为文字说明和列表形式两部分，以及必要的附录。

（1）总说明和分册说明。其内容一般包括：概算指标的编制范围、编制依据、分册情况、指标包括的内容、指标未包括的内容、指标的使用方法、指标允许调整的范围及调整方法等。

（2）列表形式包括：

① 建筑工程列表形式。房屋建筑、构筑物一般是以建筑面积、建筑体积、"座""个"等为计算单位，附以必要的示意图，示意图画出建筑物的轮廓示意或单线平面图，列出综合指标："元/m²"或"元/m³"，自然条件（如地耐力、地震烈度等），建筑物的类型、结构形式及各部位

中结构主要特点,主要工程量。

②设备及安装工程的列表形式。设备以"t"或"台"为计算单位,也可以设备购置费或设备原价的百分比(%)表示;工艺管道一般以"t"为计算单位;通信电话站安装以"站"为计算单位。列出指标编号、项目名称、规格、综合指标(元/计算单位)之后一般还要列出其中的人工费,必要时还要列出主要材料费、辅材费。

总体来讲建筑工程列表形式分为以下几个部分:

①示意图。表明工程的结构、工业项目,还表示出吊车及起重能力等。

②工程特征。对采暖工程特征应列出采暖热媒及采暖形式;对电气照明工程特征可列出建筑层数、结构类型、配线方式、灯具名称等;对房屋建筑工程特征,主要对工程的结构形式、层高、层数和建筑面积进行说明。如表 5－10 所示。

表 5－10　内浇外住宅结构特征

结构类型	层　数	层　高	檐　高	建筑面积
内浇外砌	六层	2.8 m	17.7 m	4 206 m²

③经济指标。说明该项目每 100 m² 的造价指标及其土建、水暖和电气照明等单位工程的相应造价,如表 5－11 所示。

表 5－11　内浇外砌住宅经济指标　　　　　　　　　　　100 m² 建筑面积

项　目		合　计	其　中			
			直接费	间接费	利润	税金
单方造价		30 422	21 860	5 576	1 893	1 093
其中	土建	26 133	18 778	4 790	1 626	939
	水暖	2 565	1 843	470	160	92
	电照	614	1 239	316	107	62

④构造内容及工程量指标。说明该工程项目的构造内容和相应计算单位的工程量指标及人工、材料消耗指标。如表 5－12、表 5－13 所示。

表 5－12　内浇外砌住宅构造内容及工程量指标　　　　　100 m² 建筑面积

序　号	名称及规格	单　位	数　量
一、土建			
1	人工	工日	506
2	钢筋	t	3.25
3	型钢	t	0.13
4	水泥	t	18.10
5	白灰	t	2.10
6	沥青	t	0.29
7	红砖	千块	15.10

续　表

序　号	名称及规格	单　位	数　量
8	木材	m³	4.10
9	砂	m³	41
10	砺	m³	30.5
11	玻璃	m²	29.2
12	卷材	m²	80.8
二、水暖			
1	人工	工日	39
2	钢管	t	0.18
3	暖气片	m²	20
4	卫生器具	套	2.35
5	水表	个	1.84
三、电气照明			
1	人工	工日	20
2	电线	m	283
3	钢管	t	0.04
4	灯具	套	8.43
5	电表	个	1.84
6	配电箱	套	6.1
四、机械使用费		%	7.5
五、其他材料费		%	19.57

表 5－13　内浇外砌住宅人工及主要材料消耗指标　　100 m² 建筑面积

序　号		构造特征	工程量	
			单　位	数　量
一、土建				
1	基础	灌注桩	m³	14.64
2	外墙	二砖墙、清水墙勾缝、内墙抹灰刷白	m³	24.32
3	内墙	混凝土墙、抹灰刷白	m³	22.70
4	柱	混凝土柱	m³	0.70
5	地面	碎砖垫层、水泥砂浆面层	m²	13
6	楼面	120 mm 预制空心板、水泥砂浆面层	m²	65
7	门窗	木门窗	m²	62

续 表

序 号	构造特征		工程量	
			单 位	数 量
8	屋面	预制空心板、水泥珍珠岩保温、三毡四油卷材防水	m²	21.7
9	脚手架	综合脚手架	m²	100
二、水暖				
1	采暖方式	集中采暖		
2	给水性质	生活给水明设		
3	排水性质	生活排水		
4	通风方式	自然通风		
三、电气照明				
1	配电方式	塑料管暗配电线		
2	灯具种类	日光灯		
3	用电量			

（3）单项概算指标。单项概算指标是指为某种建筑物或构筑物而编制的概算指标。单项概算指标的针对性较强,故指标中对工程结构形式要做介绍。只要工程项目的结构形式及工程内容与单项指标中的工程概况相吻合,编制出的设计概算就比较准确。

三、概算指标的编制

（一）概算指标的编制原则

1.按平均水平确定概算指标的原则。

2.概算指标的内容与表现形式,要贯彻简明、适用的原则。

3.概算指标的编制依据,必须具有代表性。

（二）概算指标的编制依据

1.国务院各有关部门和各省、自治区、直辖市批准颁发的标准设计图集和有代表性的设计图纸等。

2.现行设计标准规范、施工验收规范、建筑安装工程操作规程和安全规程等。

3.现行的概算定额及其编制资料。

4.现行建筑安装工程预算定额和施工定额。

5.国家、地区颁发的有关政策性文件、文献和规定等。

6.有关的工程概算、施工图预算、工程结算和工程决算等经济技术资料。

7.编制期人工工资标准、材料预算价格、机械台班费用等。

（三）概算指标的编制步骤

以房屋建筑工程为例,概算指标可按以下步骤进行编制:

1.首先成立编制小组,拟订工作方案,明确编制原则和方法,确定指标的内容及表现形式,确定基价所依据的人工工资单价、材料预算价格、机械台班单价。

2. 收集整理编制指标所必需的标准设计、典型设计以及有代表性的工程设计图纸,设计预算等资料,充分利用有使用价值的已经积累的工程造价资料。

3. 编制阶段。主要是选定图纸,并根据图纸资料计算工程量和编制单位工程预算书以及按着编制方案确定的指标项目对照人工及主要材料消耗指标,填写概算指标的表格。

4. 最后经过核对审核、平衡分析、水平测算、审查定稿。

（四）概算指标的编制方法

下面以房屋建筑工程为例,对概算指标的编制方法进行简要概述:

编制概算指标,首先要根据选择好的设计图纸,计算出每一结构构件或分部工程的工程数量。计算工程量的目的有两个:其一是以 $1\ 000\ m^3$ 建筑体积为计算单位,换算出某种类型建筑物所含的各结构构件和分部工程量指标

例 5-3 根据某砖混结构工程中的典型设计图纸的结果,已知其带形基础的工程量为 $100\ m^3$,混凝土基础的工程量为 $70\ m^3$,该砖混结构建筑物的体积为 $880\ m^3$,则 $1\ 000\ m^3$ 砖混结构经综合归并后,所含的带形和混凝土基础的工程量指标,分别为:

$$1\ 000 \times 100 \div 880 = 113.64(m^3) \quad 1\ 000 \times 70 \div 880 = 79.55(m^3)$$

工程量指标是概算指标中的重要内容,它详尽地说明了建筑物的结构特征,同时也规定了概算指标的适用范围。计算工程量的第二个目的,是为了计算出人工、材料和机械的消耗指标,计算出工程的单位造价。所以计算标准设计和典型设计的工程量,是编制概算指标的重要环节。

其次在计算工程量指标的基础上,确定人工、机械和材料的消耗指标。确定的方法是按照所选择的设计图纸,现行的概、预算定额,各类价格资料,编制单位工程概算或预算,并将各种人工、机械和材料的消耗量汇总,计算出人工、材料和机械的总用量,然后再计算出每平方米建筑面积和每立方米建筑物体积的单位造价,计算出该计量单位所需的主要人工、材料和机械的实物消耗量指标,次要人工、材料和机械的消耗量,综合为其他人工、其他机械、其他材料,用金额"元"表示。

例 5-4 假定从单位工程预算书上取得如下资料:一般建筑工程 880 000 元,电气照明工程 600 000 元,汇总预算造价 940 000 元。根据以上资料,可以计算出单位工程的单位造价和整个建筑物的单位造价:

每立方米建筑物体积的一般建筑工程造价 $= 880\ 000 \div 880 = 1\ 000(元)$

每立方米建筑物体积的电气照明工程造价 $= 60\ 000 \div 880 = 681.82(元)$

每立方米建筑物体积造价 $= 940\ 000 \div 880 = 1\ 068.18(元)$

每平方米建筑物的单位造价计算方法同上。

各种消耗指标的确定方法如下:

假定根据概算定额,$10\ m^3$ 毛石基础需要用砌石工 6.54 工日,又假定在该项单位工程中没有其他工程需要砌石工,则 $1\ 000\ m^3$ 建筑物需用的砌石工为:$12.5 \times 654 \div 10 = 73.582$ 日

其他各种消耗指标的计算方法同上。

对于经过上述编制方法确定和计算出的概算指标,要经过比较平衡、调整和水平测算对比以及试算修订,才能最后定稿报批。

四、概算指标的应用

概算指标的应用比概算定额具有更大的灵活性,由于它是一种综合性很强的指标,不可

能与拟建工程的建筑特征、结构特征、自然条件、施工条件完全一致。因此,在选用概算指标时要十分慎重,选用的指标与设计对象在各个方面应尽量一致或接近,不一致的地方要进行换算,以提高准确性。

概算指标的应用一般有两种情况:第一种情况,如果设计对象的结构特征与概算指标一致时,可以直接套用;第二种情况,如果设计对象的结构特征与概算指标的规定局部不同时,要对指标的局部内容进行调整后再套用。

(一)每 100 m² 造价调整的思路如同定额换算,即从原每 100 m² 概算造价中,减去每 100 m² 建筑面积需换算出结构构件的价值,加上每 100 m² 建筑面积需换入结构构件的价值,即得每 100 m² 修正概算造价调整指标,再将每 100 m² 造价调整指标乘以设计对象的建筑面积,即得出拟建工程的概算造价。

(二)每 100 m² 工料数量的调整。调整的思路是:从所选定指标的工料消耗量中,换算出与拟建工程不同的结构构件的工料消耗量,换入所需结构构件的工料消耗量。

换入换出的工料数量,是根据换入换出结构构件的工程量乘以相应的概算定额中工料消耗指标得到的。根据调整后的工料消耗量和地区材料预算价格、人工工资标准、机械台班预算单价计算每 100 m² 的概算基价,然后根据有关取费规定,计算每 100 m² 的概算造价。

这种方法主要适用于不同地区的同类工程编制概算。用概算指标编制工程概算,工程量的计算工作量很小,也节省了大量的定额套用工料分析工作,因此比用概算定额编制工程概算的速度要快,但是准确性差一些。

任务 4 投资估算指标

一、投资估算指标的概念及其作用

(一)投资估算指标的概念

工程建设投资估算指标是编制建设项目建议书、可行性研究报告等前期工作阶段投资估算的依据,也可以作为编制固定资产长远规划投资额的参考。与概预算定额相比较,估算指标以独立的建设项目、单项工程或单位工程为对象,综合项目全过程投资和建设中的各类成本和费用,是一种扩大的技术经济指标。

(二)投资估算指标的作用

投资估算指标作为为项目前期服务的一种扩大的技术经济指标,具有较强的综合性、概括性其作用可以概括为:

(1)投资估算指标是编制建设项目建议书、可行性研究报告等前期工作阶段投资估算的依据,也可以作为编制固定资产长远规划投资额的参考。

(2)投资估算指标为完成项目建设的投资估算提供依据和手段,它在固定资产的形成过程中起着投资预测、投资控制、投资效益分析的作用,是合理确定项目投资的基础。

(3)投资估算指标中的主要材料消耗量也是一种扩大的材料消耗量指标,可以作为计算建设项目主要材料消耗量的基础。

（4）估算指标的正确制定对于提高投资估算的准确度、对建设项目的合理评估、正确决策具有重要意义。

二、投资估算指标的内容

投资估算指标是确定和控制建设项目全过程各项投资支出的技术经济指标，其范围涉及建设前期、建设实施期和竣工验收交付使用期等各个阶段的费用支出，内容因行业不同而各异，一般可分为建设项目综合指标、单项工程指标和单位工程指标三个层次。表 5 - 14 为某多层框架结构宿舍楼指标示例。

江苏省建设工程
造价估算指标(2017)

表 5 - 14　住宅工程造价估算指标

结构类型	指标值(元/m²)	每 m² 建筑面积主要工料消耗指标		
		人工(工日)	钢材(kg)	商品砼(m³)
小高层框剪(11～18 层)	1 600～1 800	3.5～4.5	50～60	0.40～0.50
高层(18 层以上)	1 800～2 000	4.5～5.5	60～70	0.50～0.60

（一）建设项目综合指标

指按规定应列入建设项目总投资的从立项筹建开始至竣工验收交付使用的全部投资额，包括单项工程投资、工程建设其他费用和预备费等。

建设项目综合指标一般以项目的综合生产能力单位投资表示，如"元/t""元/kW"或以使用功能表示，如医院床位："元/床"。

项目特征：管桩或灌注桩，筏板基础，一层地下室，标准层高 2.8 m，加气砼砌块墙，框剪结构，无技术层。外墙面乳胶漆，内墙面批腻子，公共部位贴地砖。

表 5 - 15　工业厂房造价估算指标

结构类型	指标值(元/m²)	每 m² 建筑面积主要工料消耗指标		
		人工(工日)	钢材(kg)	商品砼(m³)
单层钢结构	800～900	1.6～2.0	15～25	0.20～0.35
多层框架	1 100～1 200	3.0～3.5	35～40	0.35～0.40
多层框剪(有地下室)	1 500～1 600	3.5～4.0	50～60	0.40～0.45

项目特征：

单层钢结构：独立基础，无地下室，层高 7 m，轻钢结构，外墙彩钢夹芯板，屋面彩钢板，地面水泥砂浆，铝合金门窗。

多层框架：管桩，条形基础，无地下室，标准层高 3.6 m，加气混凝土砌块墙，外墙乳胶漆，内墙混合砂浆，地面水泥砂浆，铝合金门窗。

多层框剪：管桩，筏板基础，一层地下室，标准层高 9.8 m，加气混凝土砌块墙，外墙乳胶漆，内墙石膏砂浆，地面细石混凝土，铝合金门窗。

（二）单项工程指标

指按规定应列入能独立发挥生产能力或使用效益的单项工程内的全部投资额，包括建筑工程费、安装工程费、设备、工器具及生产家具购置费和可能包含的其他费用。单项工程

一般划分原则如下:

1. 主要生产设施。指直接参加生产产品的工程项目,包括生产车间或生产装置。

2. 辅助生产设施。指为主要生产车间服务的工程项目。包括集中控制室、中央实验室、机修、电修、仪器仪表修理及木工(模)等车间,原材料、半成品、成品及危险品等仓库。

3. 公用工程。包括给排水系统(给排水泵房、水塔、水池及全厂给排水管网)、供热系统(锅炉房及水处理设施、全厂热力管网)、供电及通信系统(交配电所、开关所及全厂输电、电信线路)以及热电站、热力站、煤气站、空压站、冷冻站、冷却塔和全厂管网等。

4. 环境保护工程。包括废气、废渣、废水等处理和综合利用设施及全厂性绿化。

5. 总厂运输工程。包括厂区防洪、围墙大门、传达及收发室、汽车库、消防车库、厂区道路、桥涵、厂区码头及厂区大型土石方工程。

6. 厂区服务设施。包括厂部办公室、厂区食堂、医务室、浴室、哺乳室、自行车棚等。

7. 生活福利设施。包括职工医院、住宅、生活区食堂、俱乐部、托儿所、幼儿园子弟学校、商业服务点以及与之配套的设施。

表 5-16　建筑安装工程概况与特征表

工程名称:某多层框架结构宿舍楼

	总建筑面积(m²)	7 340	其中:地下室建筑面积(m²)	0	地上层数(层)	6
工程概况	地下层数(层)	0	标准层高(m)	3.3	檐高(m)	19.8
	结构类型	框架结构	工程用途	职工宿舍楼	投资性质	非国有资金
	开工日期	2015 年 9 月	竣工日期	未竣工	工程所在地	江苏省南京市
建筑工程特征	基础(类型)	静压管桩+承台+基础梁	柱、梁、板(结构形式)		框架,C30	
	外墙	页岩模数多孔砖	内墙		页岩模数多孔砖	
	外墙面	保温砂浆+外墙面砖(少部分刷涂料)	内墙面		水泥砂浆内墙面	
	楼地面	一层为混凝土地面,楼面为水泥砂浆	天棚面		刷素水泥浆	
	屋面	防水卷材+保温砂浆+混凝土刚性层	门窗		60 系列隔热窗,室内防火门、内门等	
安装工程特征	电气	配电箱安装、配管配线、防雷接地。不含灯具安装;配电箱为甲供,未计入造价。				
	给排水	给水钢塑复合管,承插塑料排水管,雨水管,螺纹水表,螺纹阀门,不含洁具安装。				
	智能化	弱电箱盒预埋,线槽管路预埋,不穿线。消火栓按钮线路敷设。				
	消防	消火栓镀锌钢管,消火栓箱,灭火器箱,焊接法兰阀门。				

8. 厂外工程。如水源工程,厂外输电、输水、排水、通信、输油等管线以及公路、铁路专用线等。

单项工程指标一般以单项工程生产能力单位投资,如"元/t"或其他单位表示,如变配电站:"元/(kV·A)";锅炉房:"元/蒸汽吨";供水站:"元/m³";办公室、仓库、宿舍、住宅等房屋则区别不同结构形式以"元/m²"表示。

表 5 - 17　建筑安装工程费用组成分析表

项目名称			造　价	占建筑工程造价	占总造价	平米造价
			（单位：元）	比例（%）	比例（%）	（费用/建筑面积）
建筑工程部分		一　分部分项工程费	7 650 352.56	71.95	64.73	1 042.28
		二　措施项目费	2 267 553.33	21.33	19.18	308.93
		三　其他项目费	0.00	0.00	0.00	0.00
		四　规费	357 044.62	3.36	3.02	48.64
		五　税金	357 568.28	3.36	3.03	48.72
		合计	10 632 518.79	100.00	89.96	1 448.57
	其中	人工费	2 177 427.28	20.48	18.42	296.65
		材料费	5 857 795.33	55.09	49.56	798.06
		机械费	465 578.02	4.38	3.94	63.43
		管理费	625 831.35	5.89	5.29	85.26
		利润	300 901.22	2.83	2.55	40.99
项目名称			造　价	占安装工程造价	占总造价	平米造价
			（单位：元）	比例（%）	比例（%）	（费用/建筑面积）
安装工程部分	安装单位工程费用	1　电气设备安装工程	505 927.83	42.62	4.28	68.93
		2　建筑智能化工程	102 463.78	8.63	0.87	13.96
		3　消防工程	116 470.70	9.81	0.99	15.87
		4　给排水、采暖、燃气工程	462 179.22	38.94	3.91	62.97
		一　分部分项工程费	1 069 687.08	90.11	9.05	145.73
		二　措施项目费	47 494.16	4.00	0.40	6.47
		三　其他项目费	0.00	0.00	0.00	0.00
		四　规费	29 940.46	2.52	0.25	4.08
		五　税金	39 919.84	3.36	0.34	5.44
	安装工程造价组成	合计	1 187 041.54	100.00	10.04	161.72
		人工费	294 090.27	24.78	2.49	40.07
	其中	材料费	614 806.02	51.79	5.20	83.76
		机械费	18 872.38	1.59	0.16	2.57
		管理费	114 778.82	9.67	0.97	15.64
		利润	41 305.27	3.48	0.35	5.63
工程总造价		总计	11 819 560.33	100.00	100.00	1 610.29

表 5‐18　建筑工程分部分项工程费指标

	分部名称	分部分项工程费用(元)	平米造价(费用/建筑面积)	占分部分项工程费用(%)	占建筑工程造价费用(%)
1	土石方工程	114 307.96	15.57	1.49	1.08
2	地基处理与边坡支护工程	247 967.85	33.78	3.24	2.33
3	桩基工程	32 809.92	4.47	0.43	0.31
4	砌筑工程	845 242.35	115.16	11.05	7.95
5	混凝土及钢筋混凝土工程	2 715 834.81	370.00	35.50	25.54
6	门窗工程	1 273 669.49	173.52	16.65	11.98
7	屋面及防水工程	413 549.58	56.34	5.41	3.89
8	楼地面装饰工程	210 583.38	28.69	2.75	1.98
9	墙、柱面装饰与隔断、幕墙工程	1 756 907.57	239.36	22.97	16.52
10	天棚工程	15 140.00	2.06	0.20	0.14
11	油漆、涂料、裱糊工程	24 339.65	3.32	0.32	0.23
12	合计	7 650 352.56	1 042.28	100.00	71.95

表 5‐19　安装工程分部分项工程费指标

	分部名称	分部分项工程费用(元)	平米造价(费用/建筑面积)	占分部分项工程费用(%)	占安装工程造价费用(%)
1	电气设备安装工程	455 910.30	62.11	42.62	38.41
2	建筑智能化工程	92 333.91	12.58	8.63	7.78
3	消防工程	104 956.06	14.30	9.81	8.84
4	给排水、采暖、燃气工程	416 486.81	56.74	38.94	35.09
5	合计	1 069 687.08	145.73	100.00	90.11

序号	分项名称	措施项目费用(单位:元)	占建筑分部分项工程费比例(%)	占建筑措施工程费比例(%)	占建筑造价比例(%)	平米造价(费用/建筑面积)
1	安全文明施工	282 830.02	3.70	12.47	2.66	38.53
2	临时设施	207 408.68	2.71	9.15	1.95	28.26
3	脚手架工程	157 417.81	2.06	6.94	1.48	21.45
4	混凝土模板及支架(撑)	1 343 308.16	17.56	59.24	12.63	183.01
5	垂直运输	162 722.94	2.13	7.18	1.53	22.17
6	大型机械设备进出场及安拆	113 865.72	1.49	5.02	1.07	15.51
7	合计	2 267 553.33	29.64	100.00	21.33	308.93

表 5-20 安装工程措施项目费指标

序号	分项名称	措施项目费用（单位：元）	占安装分部分项工程费比例(%)	占安装措施工程费比例(%)	占安装造价比例(%)	平米造价（费用/建筑面积）
1	安全文明施工	15 173.94	1.42	31.95	1.28	2.07
2	夜间施工	541.93	0.05	1.14	0.05	0.07
3	冬雨季施工	812.89	0.08	1.71	0.07	0.11
4	已完工程及设备保护	541.93	0.05	1.14	0.05	0.07
5	临时设施	16 257.79	1.52	34.23	1.37	2.21
6	脚手架搭拆	14 165.68	1.32	29.83	1.19	1.93
7	合计	47 494.16	4.44	100.00	4.00	6.47

建筑工程部分							
序号	项目名称	单位	费用（单位：元）	数量	单价	平米费用（费用/建筑面积）	平米含量（数量/每百建筑面积）	占建筑工程造价比例(%)
1	人工	工日	2 177 463.31	24 430.59	89.13	296.66	332.84	20.48
2	钢筋(线材)	t	1 097 581.12	375.54	2 922.68	149.53	5.12	10.32
3	型钢	t	1 097.71	0.34	3 222.87	0.15	0.00	0.01
4	水泥	t	9 335.58	31.58	295.60	1.27	0.43	0.09
5	复合木模板	m²	209 729.06	4 704.55	44.58	28.57	64.09	1.97
6	周转木材	m³	2 244.00	1.40	1 600.00	0.31	0.02	0.02
7	标准砖	百块	45 447.59	1 377.99	32.98	6.19	18.77	0.43
8	多孔砖	百块	236 601.43	1 904.05	124.26	32.23	25.94	2.23
9	砌块	m³	200 318.97	652.50	307.00	27.29	8.89	1.88
10	砂	t	4 727.37	56.45	83.74	0.64	0.77	0.04
11	碎石	t	20 116.44	283.25	71.02	2.74	3.86	0.19
12	商品混凝土	m³	791 176.36	2 600.03	304.29	107.79	35.42	7.44
13	成品砂浆（散装干拌）	m³	325 345.80	497.63	653.79	44.33	6.78	3.06

安装工程部分							
序号	项目名称	单位	费用（单位：元）	数量	单价	平米费用（费用/建筑面积）	平米含量（数量/每百建筑面积）	占安装工程造价比例(%)
1	人工	工日	294 161.19	3 639.85	80.82	40.08	49.59	24.78
2	阀门	个	123 915.04	704.47	175.90	16.88	9.60	10.44
3	绝缘导线	m	136 011.08	14 014.82	9.70	18.53	190.94	11.46

续　表

4	PP—R 给水管	m	4 561.44	1 060.80	4.30	0.62	14.45	0.38
5	承插塑料排水管	m	52 511.75	4 114.67	12.76	7.15	56.06	4.42
6	镀锌钢管	m	26 223.96	458.74	57.16	3.57	6.25	2.21
7	钢塑复合管	m	23 296.76	926.88	25.13	3.17	12.63	1.96
8	电线管	m	64 781.76	23 164.06	2.80	8.83	315.59	5.46
9	消火栓箱	套	27 190.00	37.00	734.86	3.70	0.50	2.29

（三）单位工程指标

单位工程指标按规定应列入能独立设计、施工的工程项目的费用，即建筑安装工程费用。

单位工程指标一般以如下方式表示：房屋区别不同结构形式以"元/m²"表示，道路区别不同结构层、面层以"元/m²"表示；水塔区别不同结构层、容积以"元/座"表示；管道区别不同材质、管径以"元/m"表示。

三、投资估算指标编制原则和编制方法

（一）投资估算指标编制原则

由于投资估算指标属于项目建设前期进行估算投资的技术经济指标，它不但要反映实施阶段的静态投资，还必须反映项目建设前期和交付使用期内发生的动态投资，以投资估算指标为依据编制的投资估算，包含项目建设的全部投资额。这就要求投资估算指标比其他各种计价定额具有更大的综合性和概括性。因此，投资估算指标的编制工作，除应遵循一般定额的编制原则外，还必须坚持以下原则：

（1）投资估算指标项目的确定，应考虑以后几年编制建设项目建议书和可行性研究报告投资估算的需要。

（2）投资估算指标的分类、项目划分、项目内容、表现形式等要结合各专业的特点，并且要与项目建议书、可行性研究报告的编制深度相适应。

（3）投资估算指标的编制内容，典型工程的选择，必须遵循国家的有关建设方针政策，符合国家技术发展方向，贯彻国家发展方向原则，使指标的编制既能反映正常建设条件下的造价水平，也能适应今后若干年的科技发展水平。坚持技术上先进、可行和经济上的合理，力争以较少的投入取得最大的投资效益。

（4）投资估算指标的编制要反映不同行业、不同项目和不同工程的特点，投资估算指标要适应项目前期工作深度的需要，而且具有更大的综合性。投资估算指标要密切结合行业特点，项目建设的特定条件，在内容上既要贯彻指导性、准确性和可调性原则，又要有一定的深度和广度。

（5）投资估算指标的编制要贯彻静态和动态相结合的原则。要充分考虑在市场经济条件下，由于建设条件、实施时间、建设期限等因素的不同，考虑到建设期的动态因素，即价格、建设期利息及涉外工程的汇率等因素的变动，导致指标的量差、价差、利息差、费用差等动态因素对投资估算的影响，对上述动态因素给予必要的调整办法和调整参数，尽可能减少这些

动态因素对投资估算准确度的影响,使指标具有较强的实用性和可操作性。

(6) 投资估算指标的编制要体现国家对固定资产投资实施间接调控作用的特点。要贯彻能分能合、有粗有细、细算粗编的原则,使投资估算指标能满足项目建议书和可行性研究各阶段的要求,既能有反映一个建设项目的全部投资及其构成,又要有组成建设项目投资的各个单项工程投资,做到既能综合使用,又能个别分解使用。占投资比重大的建筑工程工艺设备,要做到有量、有价,根据不同结构形式的建筑物列出每百平方米的主要工程量和主要材料量,主要设备也要列有规格、型号、数量。同时,要以编制年度为基期计价,有必要的调整、换算办法等,便于由于设计方案、选厂条件、建设实施阶段的变化而对投资产生影响作相应的调整,适应对现有企业实行技术改造和改、扩建项目投资估算的需要,扩大投资估算指标的覆盖面,使投资估算能够根据建设项目的具体情况合理准确地编制。

(二) 投资估算指标的编制方法

投资估算指标的编制工作,涉及建设项目的产品规模、产品方案、工艺流程、设备选型、工程设计和技术经济等各个方面,既要考虑到现阶段技术状况,又要展望技术发展趋势和设计动向,从而可以指导以后建设项目的实践。投资估算指标的编制应当成立专业齐全的编制小组,编制人员应具备较高的专业素质。投资估算指标的编制应当制定一个从编制原则、编制内容、指标的层次相互衔接、项目划分、表现形式、计量单位、计算、复核、审查程序到相互应有的责任制等内容的编制方案或编制细则,以便编制工作有章可循。投资估算指标的编制一般分为三个阶段进行。

1. 收集整理资料阶段

收集整理已建成或正在建设的,符合现行技术政策和技术发展方向、有可能重复采用的、有代表性的工程设计施工图、标准设计以及相应的竣工决算或施工图预算资料等,这些资料是编制工作的基础,资料收集越广泛,反映出的问题越多,编制工作考虑越全面,就越有利于提高投资估算指标的实用性和覆盖面。同时,对调查收集到的资料要选择占投资比重大,相互关联多的项目进行认真的分析整理,由于已建成或正在建设的工程的设计意图、建设时间和地点、资料的基础等不同,相互之间的差异很大,需要去粗取精、去伪存真地加以整理,才能重复利用。将整理后的数据资料按项目划分栏目加以归类,按照编制年度的现行定额、费用标准和价格,调整成编制年度的造价水平及相互比例。

2. 平衡调整阶段

由于调查收集的资料来源不同,虽然经过一定的分析整理,但难免会由于设计方案、建设条件和建设时间上的差异带来的某些影响,使数据失准或漏项等。必须对有关资料进行综合平衡调整。

3. 测算审查阶段

测算是将新编的指标和选定工程的概预算,在同一价格条件下进行比较,检验其"量差"的偏高程度是否在允许偏差的范围之内,如偏差过大,则要查找原因,进行修正,以保证指标的确切、实用。测算同时也是对指标编制质量进行的一次系统检查,应由专人进行,以保持测算口径的统一,在此基础上组织有关专业人员予以全面审查定稿。

由于投资估算指标的编制计算工作量非常大,在现阶段计算机已经广泛普及的条件下,应尽可能应用电子计算机进行投资估算指标的编制工作。

任务 5　工程单价

一、工程单价的含义及作用

（一）工程单价的含义

所谓工程单价，一般是指单位假定建筑安装产品的不完全价格。通常是指建筑安装工程的预算单价和概算单价。

工程单价与完整的建筑产品（如单位产品、最终产品）价值在概念上是完全不同的一种单价。完整的建筑产品价值，是建筑物或构筑物在真实意义上的全部价值，即完全成本加利税。单位假定建筑安装产品单价，不仅不是可以独立发挥建筑物或构筑物价值的价格，甚至也不是单位假定建筑产品的完整价格，因为这种工程单价仅仅是由某一单位工程直接费中的人工、材料和机械费构成。

工程单价是以概预算定额量为依据编制概预算时的一个特有的概念术语，是传统概预算编制制度中采用单位估价法编制工程概预算的重要文件，也是计算程序中的一个重要环节。我国建设工程概预算制度中长期采用单位估价法编制概预算，因为在价格比较稳定，或价格指数比较完整、准确的情况下，有可能编制出地区的统一工程单价，以简化概预算编制工作。

在确立社会主义市场经济体制之后，为了适应改革、开放形势发展的需要，为了与国际接轨，在一些部门和地区出现了建筑安装产品的综合单价，也可称为全费用单价。这种单价与传统的工程单价有所不同。它不仅含有人工、材料、机械台班三项直接费，而且包括其他直接费、现场经费和间接费等工程的全部费用。这也就是全费用单价名称的来由。但由于这种单价尚未形成制度化，所以综合程度并不一致，所包括的费用项目或多或少。尽管如此综合单价（全费用单价），这种分部分项工程单价仍然是建筑安装产品的不完全价格。

（二）工程单价的作用

（1）确定和控制工程造价。工程单价是确定和控制概预算造价的基本依据。由于它的编制依据和编制方法规范，在确定和控制工程造价方面有不可忽视的作用。

（2）利用编制统一性地区工程单价，简化编制预算和概算的工作量和缩短工作周期。同时也为投标报价提供依据。

（3）利用工程单价可以对结构方案进行经济比较，优选设计方案。

（4）利用工程单价进行工程款的期中结算。

二、工程单价的种类

（一）按工程单价的适用对象划分

（1）建筑工程单价；

（2）安装工程单价。

（二）按用途划分

（1）预算单价。预算单价是通过编制地区单位估价表及设备安装价目表所确定的单价，用于编制施工图预算，如单位估价表、单位估价汇总表和安装价目表中所计算的工程单价。在预算定额和概算定额中列出的"预算价值"或"基价",都应视作该定额编制时的工程单价。如前所述,在基础定额中没有列出预算单价的内容。

(2)概算单价。概算单价是通过编制扩大的单位估价表所确定的单价,用于编制设计概算,如在单位价值计算表中所计算的工程单价。

(三)按适用范围划分

(1)地区单价。根据地区性定额和价格等资料编制,在地区范围内使用的工程单价属地区单价。如地区单位估价表和汇总表所计算和列出的预算单价。

(2)个别单价。这是为适应个别工程编制概算或预算的需要而计算出工程单价。

(四)按编制依据划分

(1)定额单价;

(2)补充单价。

(五)按单价的综合程度划分

(1)基本直接费单价。如预算定额中的"基价"。只包括人工费、材料费和机械台班用费。

(2)全费用单价。除基本直接费外,还包括现场经费、其他直接费和间接费等全部成本费用。

(3)完全单价。即在单价中既包含全部成本,也含利润和税金。

对工程单价进行了上述分类的目的就在于加强工程单价管理和正确利用单价。了解工程单价的分类,就应该在概预算编制中正确套用单价,而不能就高不就低的乱套工程单价;在市场经济条件下更不能在概预算编制中既不经批准,又毫无根据的混合套用定额单价和市场价;在定额缺项时对补充单价要严格审查,防止单价组成失控而提高个别工程单价。

三、工程单价的编制依据和编制方法

(一)工程单价编制依据

(1)预算定额和概算定额。编制预算单价或概算单价,主要依据之一是预算定额或概算定额。首先,工程单价的分项是根据定额的分项划分的,所以工程单价的编号、名称、计量单位的确定均以相应的定额为依据。其次,分部分项工程的人工、材料和机械台班消耗的种类和数量,也是依据相应的定额。

(2)人工单价、材料预算价格和机械台班单价。工程单价除了要依据概、预算定额确定分部分项工程的工、料、机的消耗数量外,还必须依据上述三项"价"的因素,才能计算出分部分项工程的人工费、材料费和机械费,进而计算出工程单价。

(3)现场经费、其他直接费和间接费的取费标准。这是计算综合单价的必要依据。

(二)工程单价的编制方法

工程单价的编制方法,简单说就是工、料、机的消耗量和工、料、机单价的结合过程。计算公式:

(1)分部分项工程基本直接费单价(基价):

分项工程直接工程费单价(基价)=分项工程人工费+分项工程材料费+分项工程机械使用费

式中,分项工程人工费=$\sum$(人工工日消耗量×人工日工资单价);

分项工程材料费 $=\sum$ (各种材料消耗量×相应材料价格);

分项工程机械使用费 $=\sum$ (机械台班消耗量×相应机械台班单价)。

（三）分部分项工程全费用单价

分部分项工程全费用单价＝分项工程人工费＋分项工程材料费＋分项工程机械使用费＋分项工程管理费＋分项工程利润＋规费＋税金

其中,规费和税金一般按规定的费率及其计算基础计算。

四、单位估价表

（一）单位估价表

单位估价表又称工程预算单价表,是以货币形式确定定额计量单位某分部分项工程或结构构件直接费用的文件。它是根据预算定额所确定的人工、材料和机械台班消耗数量乘以人工工资单价、材料预算价格和机械台班预算价格汇总而成。

因此单位估价表的内容由两部分组成:一是预算定额规定的工、料、机数量;二是地区预算价格,即与上述三种"量"相适应的人工工资单价、材料预算价格和机械台班预算价格。

编制单位估价表就是把三种"量"与"价"分别结合起来,得出分项工程的人工费、材料费和施工机械使用费,三者汇总即为工程预算单价。

（二）单位估价表与预算定额的关系

单位估价表与预算定额的作用、使用方法和编制方法相同。二者的不同之处是:预算定额只规定完成单位分项工程或结构构件的人工、材料、机械台班消耗的数量标准,理论上讲只有量,没有价;而地区单位估价表是用货币形式来表示本地区预算定额中的消耗量,一般不列工、料、机消耗数量。为了方便预算编制,部分地区将预算定额和地区单位估价表合并,不仅列出工、料、机消耗数量,同时也列出工、料、机预算价格即人工费、材料费、机械费及三者的汇总值定额基价,使得预算定额又具有了单位估价表的功能。

表 5-21　砖块墙、多孔砖墙

工作内容:1. 调、运、铺砂浆、运砌块。
　　　　　2. 砌砖块(墙)、包括窗台虎头砖、门窗洞边接茬用标准砖。
　　　　　3. 安放预制过梁板、垫块。　　　　　　　　　　　　　　　　计量单位:m²

定额编号			4-5		4-6		4-7		4-8	
项　目	单位	单价	粉煤灰硅酸盐砌块		普通砂浆砌筑加气混凝土砌块墙					
					100 厚		200 厚		200 厚以上	
									(用于无水房间、底无混凝土坎台)	
			数量	合计	数量	合计	数量	合计	数量	合计
综合单价	元		384.28		383.01		359.41		348.72	
其中	人工费	元	94.30		104.4		86.92		77.90	
	材料费	元	252.40		237.1		237.14		237.79	
	机械费	元	1.96		2.33		2.33		3.07	
	管理费	元	24.07		26.62		22.31		20.24	
	利润	元	11.55		12.78		10.71		9.72	

续　表

定额编号				4－5		4－6		4－7		4－8	
项目		单位	单价	粉煤灰硅酸盐砌块		普通砂浆砌筑加气混凝土砌块墙					
						100 厚		200 厚		200 厚以上	
						（用于无水房间、底无混凝土坎台）					
				数量	合计	数量	合计	数量	合计	数量	合计
二类工		工日	82.00	1.15	94.30	1.27	104.14	1.06	86.92	0.95	77.90
材料	04135500 标准砖 240×115×53	百块	42.00	0.29	12.18					0.50	21.00
	04135535 配砖 190×90×40	m³	280.00			0.051	14.28	0.051	14.28		
	04150113 蒸压加气混凝土砌块 600×250×100	m³	223.00			0.915	204.05				
	04150115 蒸压加气混凝土砌块 600×250×200	m³	223.00					0.915	204.05		
	04150111 蒸压加气混凝土砌块 600×240×150	m³	223.00							0.861	192.00
	04150405 粉煤灰硅酸盐砌块 430×430×240	块	11.00	0.85	9.35						
	04150406 粉煤灰硅酸盐砌块 580×430×240	块	14.80	2.20	32.56						
	31150101 水	m³	4.70	0.10	0.47	0.10	0.47	0.10	0.47	0.10	0.47
	04150407 粉煤灰硅酸盐砌块 880×430×240	块	22.50	7.24	162.90						
	04150417 粉煤灰硅酸盐砌块 280×430×240	块	7.16	2.53	18.11						
	80050104 混合砂浆 M5	m³	193.00	0.082	15.83	0.095	18.34	0.095	18.34	0.126	24.32
	80050105 混合砂浆 M7.5	m³	195.20	(0.082)	(16.01)	(0.095)	(18.54)	(0.095)	(18.54)	(0.126)	(24.60)
	80050106 混合砂浆 M10	m³	199.56	(0.082)	(16.36)	(0.095)	(18.96)	(0.095)	(18.96)	(0.126)	(25.14)
	其他材料费	元			1.00						
机械	99050503 灰浆搅拌机件筒 容量 200L	台班	122.64	0.016	1.96	0.019	2.33	0.019	2.33	0.025	3.07

注：① 墙身内的砌过梁、压顶、檐口等处实砌砖，另按相应零星砌砖定额执行。
　　② 围墙基础与墙身的材料品种相同时，工程量应合并计算套相应墙的定额。

表5－22　柱

工作内容：混凝土搅拌、水平运输、浇捣、养护　　　　　　　　　　　　　　　　　计量单位：m³

定额编号				6－14		6－15		6－16		6－17	
项目		单位	单价	矩形		圆形 多边形		L、T、十型柱		构造柱	
				数量	合计	数量	合计	数量	合计	数量	合计
综合单价		元		506.05		521.63		550.93		645.23	
其中	人工费	元		157.44		168.92		184.50		266.50	
	材料费	元		275.50		275.35		283.30		265.26	
	机械费	元		10.85		10.85		10.85		10.85	
	管理费	元		42.07		44.94		48.84		69.34	
	利润	元		20.19		21.57		23.44		33.28	

续 表

定额编号				6 - 14		6 - 15		6 - 16		6 - 17	
项目		单 位	单 价	矩形		圆形 多边形		L、T、十型柱		构造柱	
				数量	合计	数量	合计	数量	合计	数量	合计
二类工		工日	82.00	1.92	157.44	2.06	168.92	2.25	184.50	3.25	266.50
材料	80210118 现浇混凝土 C20	m³	254.72					(0.985)	(250.90)	0.985	250.90
	80210131 现浇混凝土 C20	m³	248.20	(0.985)	(244.48)	(0.985)	(244.48)				
	80210132 现浇混凝土 C25	m³	262.07	(0.985)	(258.14)	(0.985)	(258.14)				
	80210122 现浇混凝土 C30	m³	272.52					0.985	268.43	(0.985)	(268.43)
	80210135 现浇混凝土 C30	m³	264.98	0.985	261.01	0.985	261.01				
	80210136 现浇混凝土 C35	m³	277.79	(0.985)	(273.62)	(0.985)	(273.62)				
	80010123 水泥砂浆 1∶2	m³	275.64	0.031	8.54	0.031	8.54	0.031	8.54	0.031	8.54
	02090101 塑料薄膜	m³	0.80	0.28	0.22	0.14	0.11	0.51	0.41	0.23	0.18
	31150101 水	m³	4.70	1.22	5.73	21	5.69	1.26	5.92	1.20	5.64
机械	99050152 滚筒式混凝土搅拌机(电动) 电动斗容量 400 L	台班	156.81	0.056	8.78	0.056	8.78	0.056	8.78	0.056	8.78
	99052107 混凝土振捣器 插入式	台班	11.87	0.112	1.33	0.112	1.33	0.112	1.33	0.112	1.33
	99050503 灰浆搅拌机桶 容量 200 L	台班	122.64	0.006	0.74	0.006	0.74	0.006	0.74	0.006	0.74

注:劲性混凝土柱按矩形柱定额执行。

单元习题

1. 什么是预算定额? 它的作用是什么? 编制依据和原则是什么?

2. 简述预算定额的编制步骤及组成内容。

3. 简述预算定额项目表的组成内容。

4. 什么是概算定额? 它有哪些作用? 编制依据和编制原则是什么?

5. 概算定额与预算定额有哪些不同?

6. 什么是概算指标? 它有哪些作用?

7. 概算指标是如何分类的?

8. 如何编制概算指标?

9. 概算定额与概算指标有何异同?

10. 什么是投资估算指标? 它有哪些作用? 包括哪些内容?

11. 投资估算指标的编制原则、依据是什么?

12. 如何编制投资估算指标?

13. 简述工程单价的含义及其种类。

14. 简述工程单价的编制方法。

单元6 定额编制计算实例

 本单元知识点

1. 掌握砌筑标准砖一砖墙人工、材料、机械台班消耗量的计算；
2. 掌握人工工日单价的确定方法；材料单价的确定方法；机械台班单价的确定方法。

任务1 砖墙砌筑项目定额编制实例

根据下述资料的描述，计算确定砌筑砖墙的预算定额消耗量指标和定额综合单价，并填写表6-1"砖砌外墙定额项目表"。

表6-1 砖砌外墙定额项目表

工作内容：1. 清理地槽、递砖、调制砂浆、砌砖。
2. 砌砖过梁、砌平拱、模板制作、安装、拆除。
3. 安装预制过梁板、垫块、木砖。

计量单位：m³

定额编号				4-35	
项 目				1砖外墙	
				标准砖	
		单 位	单 价	数 量	合 计
综合单价			元		
其 中	人工费		元		
	材料费		元		
	机械费		元		
	管理费		元		
	利 润		元		
二类工		工日			
材 料	标准砖(240×115×53)	百块			
	水泥32.5级	kg			
	混合砂浆 M5	M3			
	水	M3			
	其他材料费	元			
机 械	灰浆搅拌机拌筒容量200 L	台班			

砌筑标准砖一砖外墙的技术测定资料如下：

完成 1 m³ 的砖砌体需基本工作时间 6.99 h,辅助工作时间占工作班延续时间的 3%,准备与结束工作时间占 3%,不可避免中断时间占 2%,休息时间占 16%,人工幅度差系数为 10%,超距离运砖每千块需耗时 2.5 h。

砖墙采用 M5 混合砂浆,梁头、板头和窗台虎头砖占墙体积的百分比为 0.35%、1.18%、1.54%,砖和砂浆的损耗率分别为 1% 和 3%,完成 1 m³ 砌体需消耗水 0.107 m³,水泥 32.5 级 0.3 kg。

砂浆采用 200 L 搅拌机现场搅拌,运料需时 570 s,装料 50 s,搅拌 80 s,卸料 30 s,不可避免中断 20 s,机械利用系数为 0.75,幅度差系数为 15%。

人工工日单价为 82.00 元/工日,M5 混合砂浆单价为 193.00 元/m³,标准砖单价为42.00 元/百块,水为 4.70 元/m³,水泥 32.5 级 0.31 元/kg,400 L 砂浆搅拌机台班单价为 122.64 元/台班,其他材料费合计 1.00 元。

管理费和利润的计算基数为人工费加机械费,费率分别为 25% 和 12%。

解题思路：

1. 材料消耗量的计算

1 m³ 砖墙标准砖净用量→1 m³ 砖墙标准砖消耗量→1 m³ 砖墙砂浆净用量→1 m³ 砖墙砂浆消耗量→水的消耗量

2. 人工消耗量的计算

工人必须消耗时间(基本用工)→超运距用工→预算定额人工消耗量

3. 机械消耗量的计算

机械循环一次工作时间→机械纯工作 1 h 循环次数→机械工作 1 h 正常生产率→施工机械台班产量定额→施工机械台班时间定额→预算定额机械台班消耗量

解

1. 材料消耗量的计算

(1) 标准砖

每 1m³ 一砖墙,标准砖的量为：

$$标准砖净用量(块) = \frac{砖体厚度的砖数×2}{砌体厚度×(砖长+灰缝厚)×(砖厚+灰缝厚)}$$
$$= 2×1/[0.24×(0.24+0.01)×(0.053+0.01)]$$
$$= 529(块)$$

每 1 m³ 砖墙中,砌体和砂浆的用量：$1-0.35\%-1.18\%+1.54\% = 1.000\ 1(m³)$

则 1 m³ 砖墙块数净用量为：$529×1.000\ 1 = 530(千块)$

1 m³ 砖墙块数总消耗量为：$530×(1+1\%) = 536(块)$

(2) M5 混合砂浆

1 m³ 砌体 M5 混合砂浆净用量：$1.000\ 1-530×0.24×0.115×0.053 = 0.225(m³)$

1 m³ 砌体 M5 混合砂浆总消耗量：$0.225×(1+3\%) = 0.234(m³)$

(3) 水

题目已知水的用量：0.107 m³

2. 人工消耗量的计算

假设完成 1 m³ 标准砖一砖墙人工持续时间为 x,则:$x = 6.99 + (3\% + 3\% + 2\% + 16\%)x$,可知

$x = 9.197$ h

即基本工作时间:9.197 h

超运距所需时间:$0.536 \times 2.5 = 1.340$(h)

预算人工消耗量:$(9.197 + 1.340) \times (1 + 10\%) = 11.59(h)= 11.59/8 = 1.45$(工日)

3. 机械消耗量的计算

机械一次正常延续时间:750 s

机械纯工作 1 h 的循环次数:$(60 \times 60)/750 = 4.8$(次)

机械纯工作 1 h 的正常生产率:$4.8 \times 0.2 = 0.96$(m³)

施工定额机械产量:$0.96 \times 8 \times 0.75 = 5.76$(m³/台班)

施工定额机械台班:$1/5.76 = 0.174$(台班/m³)

预算定额机械台班:$0.174 \times (1 + 15\%) = 0.200$(台班/m³)

本题 1 m³ 砌体里砂浆含量 0.234 m³,则砌筑标准砖一砖墙的机械台班消耗量为:$0.201 \times 0.234 = 0.047$(台班)

4. 人工、材料、机械以及管理费、利润的计算

人工费 $= 82.00 \times 1.45 = 118.90$(元)

材料费:

标准砖(240×115×53):$42.00 \times 5.36 = 225.12$(元)

水泥 32.5 级:$0.31 \times 0.30 = 0.09$(元)

混合砂浆 M5:$193.00 \times 0.234 = 45.16$(元)

水:$4.70 \times 0.107 = 0.50$(元)

其他材料费:1.00(元)

合计:$225.12 + 0.09 + 45.16 + 0.50 + 1.00 = 271.87$(元)

机械费:$122.64 \times 0.047 = 5.76$(元)

管理费:$(118.90 + 5.76) \times 25\% = 31.17$(元)

利润:$(118.90 + 5.76) \times 12\% = 14.96$(元)

砖墙砌筑预算定额项目表的填写,见表 6-2。

表 6-2 砖砌外墙定额项目表填写

工作内容:1. 清理地槽、递砖、调制砂浆、砌砖。
　　　　　2. 砌砖过梁、砌平拱、模板制作、安装、拆除。
　　　　　3. 安装预制过梁板、垫块、木砖。

计量单位:m³

定 额 编 号				4-35	
项　　目				1 砖外墙	
				标准砖	
名　　称	单　位	单　价		数　量	合　计
综合单价		元		442.66	

续　表

定额编号				4－35	
项　目				1砖外墙	
				标准砖	
名　称		单　位	单　价	数　量	合　计
其　中	人工费	元		118.90	
	材料费	元		271.87	
	机械费	元		5.76	
	管理费	元		31.17	
	利　润	元		14.96	
	二类工	工日	82.00	1.45	118.90
材　料	标准砖(240×115×53)	百块	42.00	5.36	225.12
	水泥 32.5 级	kg	0.31	0.30	0.09
	混合砂浆 M5	M3	193.00	0.234	45.16
	水	M3	4.70	0.107	0.50
	其他材料费	元			1.00
机　械	灰浆搅拌机拌筒容量 200 L	台班	122.64	0.047	5.76

相关知识点:

1. 人工消耗量的确定

预算定额中人工工日消耗量的确定一般是以劳动定额为基础确定,是由分项工程所综合的各个工序劳动定额包括的基本用工、其他用工两部分组成的。其他用工是辅助基本用工消耗的工日,包括超运距用工、辅助用工和人工幅度差用工。

工人必须消耗时间＝基本工作时间＋辅助工作时间＋准备和结束工作时间＋不可避免的中断时间＋休息时间。(即基本用工)

预算定额人工消耗量＝基本用工＋超运距用工＋辅助用工＋人工幅度差。

人工幅度差＝(基本用工＋超运距用工＋辅助用工)×人工幅度差系数。

人工幅度差系效一般为 10%～15%。在预算定额中,人工幅度差的用工量列入其他用工量中。

2. 材料消耗量的确定

材料消耗量＝材料净用量×(1＋材料损耗率)。材料损耗率＝损耗量/净用量×100%

每 1 m³ 砌体标准砖净用量理论计算公式:

$$标准砖净用量(块) = \frac{砌体厚度的砖数×2}{砌体厚度×(砖长+灰缝厚)×(砖厚+灰缝厚)}$$

式中:

砖长,砖厚——标准砖尺寸(长×宽×厚＝0.24×0.115×0.053＝0.001 462 8 m³/块)计算;

砌体厚度——半砖墙 0.115 m，一砖墙 0.24 m，一砖半墙 0.365 m；

砌体厚度砖数——半砖墙为 0.5，一砖墙为 1，一砖半墙为 1.5；

灰缝厚——0.01 m。

3. 施工机械台班消耗量的确定

预算定额机械台班消耗量＝施工定额机械台班消耗量×（1＋机械幅度差系数）

施工定额机械工作时间＝有效工作时间＋不可避免的无负荷工作时间＋不可避免的中断时间。

时间定额＝1/产量定额。

任务 2　工料机单价编制实例

根据下述资料的描述，结合题目的已知条件，完成问题一～问题三。

江苏省某地区测算的人工市场日工资标准如下：建筑企业生产工人基本工资 78 元/工日，工资性补贴 15 元/工日，生产工人辅助工资 10 元/工日，生产工人劳动保护费 5 元/工日，职工福利费按 2％比例计提。

该地某工程楼地面使用的 1∶3 的水泥砂浆贴地面砖（600 mm×600 mm），购买数量及费用资料如表 6-3 所示，其运输损耗率为 2％，采购保管费费率为 2.5％。

表 6-3　某工程楼地面陶瓷地面砖（600 mm×600 mm）购买数量及费用资料

货源地	数量（块）	买价（元/块）	运距（km）	运输单价（元/km·m²）	装卸费（元/m²）	备　注
甲地	18 200	76	210	0.02	1.2	火车运输
乙地	9 800	75	65	0.04	1.5	汽车运输
丙地	10 000	74	70	0.03	1.4	汽车运输
合计	38 000					

该地区其他材料市场价格：白水泥 0.75 元/kg、棉纱头 6.50 元/kg、水 4.70 元/m³、混合砂浆 1∶0.1∶2.5 的单价为 261.36 元/m³、水泥砂浆 1∶3 的单价为 239.65 元/m³、901 胶素水泥浆的单价为 525.21 元/m³、电 0.85 元/（kW·h）。

问题一：根据以上资料分别计算该地区人工单价和陶瓷地面砖（600 mm×600 mm）的材料单价。

问题二：试回答江苏省建筑安装工程施工机械台班单价包括哪些内容，并作出相应解释。

问题三：查阅《江苏省建筑与装饰工程计价定额》（2014 年），试计算该地区每 10 m² 的陶瓷面砖（600 mm×600 mm）楼地面分项工程的定额综合单价。

解题思路：

《江苏省建设工程费用定额》（2014）：人工工资单价包括计时工资或计件工资、奖金、津贴补贴、加班加点工资、特殊情况下支付的工资。

职工福利费＝(基本工资＋工资性补贴＋生产工人辅助工资)×计提比例

材料单价＝(材料原价＋运杂费)×(1＋运输损耗率)×(1＋采购保管费率)

材料运杂费＝运费＋装卸费

解

问题一：

根据以上资料计算该地区人工单价：

人工单价＝(78＋15＋15)×(1＋2%)＋3＝113.2(元/工日)

陶瓷地面砖(600 mm×600 mm)的材料单价：

甲地陶瓷地面砖：18 200×0.6×0.6＝6 552(m^2)

乙地陶瓷地面砖：9 800×0.6×0.6＝3 528(m^2)

丙地陶瓷地面砖：10 000×0.6×0.6＝3 600(m^2)

材料加权原价＝(18 200×76＋9 800×75＋10 000×74)/(6 552＋3 528＋3 600)＝208.93(元/m^2)

加权运杂费＝(6 552×210×0.02＋6 552×1.2＋3 528×65×0.04＋3 528×1.5＋3 600×70×0.03＋3 600×1.4)/(6 552＋3 528＋3 600)＝4.56(元/m^2)

材料单价＝(208.93＋4.56)×(1＋2%)×(1＋2.5%)＝223.20(元/m^2)

问题二：

根据《江苏省建设工程费用定额》(2014)：

施工机械使用费：以施工机械台班耗用量乘以施工机械台班单价表示,施工机械台班单价应由下列七项费用组成：

① 折旧费：指施工机械在规定的使用年限内,陆续收回其原值的费用。

② 大修理费：指施工机械按规定的大修理间隔台班进行必要的大修理,以恢复其正常功能所需的费用。

③ 经常修理费：指施工机械除大修理以外的各级保养和临时故障排除所需的费用。包括为保障机械正常运转所需替换设备与随机配备工具附具的摊销和维护费用,机械运转中日常保养所需润滑与擦拭的材料费用及机械停滞期间的维护和保养费用等。

④ 安拆费及场外运费：安拆费指施工机械(大型机械除外)在现场进行安装与拆卸所需的人工、材料、机械和试运转费用以及机械辅助设施的折旧、搭设、拆除等费用;场外运费指施工机械整体或分体自停放地点运至施工现场或由一施工地点运至另一施工地点的运输、装卸、辅助材料及架线等费用。

⑤ 人工费：指机上司机(司炉)和其他操作人员的人工费。

⑥ 燃料动力费：指施工机械在运转作业中所消耗的各种燃料及水、电等。

⑦ 税费：指施工机械按照国家规定应缴纳的车船使用税、保险费及年检费等。

问题三：

《江苏省建筑与装饰工程计价定额》(2014 年)定额第 585 页,编号:14－84,

人工费：5.99×113.2＝678.07(元)

材料费：

10.25×223.20＋0.061×261.36＋0.13×239.65＋0.002×525.21＋1.50×0.75＋0.10×6.50＋0.081×4.70＝2 338.10(元)

机械费：

灰浆搅拌机：根据《江苏省施工机械台班 2007 年单价表》第 16 页 06016，

2.88＋0.83＋3.30＋5.47＋1.25×113.2＋185.86×0.85＝311.96（元/台班）

311.96×0.04＝12.48（元）

石料切割机：根据《江苏省施工机械台班 2007 年单价表》第 29 页 09018，

5.78＋0.99＋6.22＋6.56＋1.25×113.2＋59.35×0.85＝211.50（元）

211.50×0.127 6＝26.99（元）

机械费：12.48＋26.99＝39.47（元）

根据《江苏省建设工程费用定额》(2014)，拟定该工程采取简易计税法，三类工程；故管理费和利润的费率为 25% 和 12%。

10 m² 陶瓷面砖定额综合单价为：(678.07＋39.47)×(1＋25%＋12%)＋2 338.10＝3 321.13（元）

单元习题

1. 请按相关规范和定额编制要求完成人工和机械消耗量指标的确定。

如图 6-1 所示，某现浇框架结构建筑的第二层层高为 3.9 m，各方向的柱中心间距均为 4.5 m，框架间为空心砌块 240 墙，且各柱梁断面尺寸均相同，柱为 450 mm×450 mm，梁为 250 mm×600 mm，混凝土为 C25，采用出料容积为 400 L 的混凝土搅拌机现场搅拌。

技术测定资料如下：

砌筑空心砌块墙，每完成 1 m³ 砌块墙要消耗基本工作时间 45 min，辅助工作时间占工作延续时间的 8%，准备与结束时间占 4%，不可避免中断时间占 3%，休息时间占 4%，预算定额人工幅度差系数 15%，框架间砌墙人工增 12%。

400 L 的混凝土搅拌机每一次循环时间：装料 55 s，搅拌 180 s，卸料 35 s，不可避免中断 20 s。机械利用系数为 0.9，机械幅度差系数为 10%，定额混凝土损耗率为 1.5%。

问题：

(1) 根据预算定额人工消耗指标测算原理，计算砌筑每 10 m³ 空心砌块墙人工消耗量；若要完成第二层共 10 跨框架间砌块墙（无洞口），需综合人工多少工日？

(2) 根据预算定额机械台班消耗指标测算原理，计算每 10 m³ 混凝土需混凝土搅拌机的定额台班消耗量；若取第二层共 10 跨框架梁的混凝土用量，计算需混凝土搅拌机多少台班？

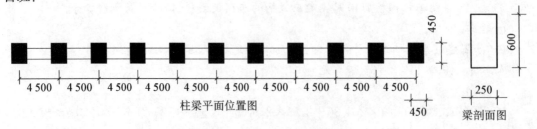

图 6-1 柱与梁示意图

2. 经过统计几个典型工程,砌筑一砖标准砖内墙及墙内构件时,工程量汇总见表 6－4。标准砖和砂浆的损耗率均为 1％,砌砖工人小组由 22 人组成(人工产量定额为 1.12 m³／工日),塔吊和砂浆搅拌机均按工人班组各配备一台,机械幅度差系数 15％,砂浆搅拌机每次搅拌循环时间 200 s,时间利用系数 0.8。按相关规范和预算定额编制要求完成材料消耗量指标、机械台班消耗量指标的确定(答案填入表格内)。

表 6－4　砌筑一砖标准砖内墙及墙内构件的工程量汇总表

名　称	砖墙体积	板头体积	梁头体积	弧形及圆形旋	附墙烟囱孔	垃圾道	抗震柱孔	墙顶抹灰找平
单位	m³	m³	m³	m	m	m	m	m²
工程量	1 196.23	27.39	6.18	7.18	406.72	35.89	358.87	74.76

(1) 根据任务要求计算材料消耗量指标,并将结果填入表 6－5。

表 6－5　预算定额项目材料计算表

子目名称:一砖内墙　　　　　　　　　　　　　　　　　　　　　　　　　　单位:10 m³

名　称	单　位	净用时	梁头板头所占体积(％)	扣除梁、板头体积后的净用量	总消耗量
标准砖					
砂浆					

(2) 根据任务要求计算施工机械台班消耗量指标,并将结果填入表 6－6。

表 6－6　预算定额项目机械台班计算表

子目名称:一砖内墙　　　　　　　　　　　　　　　　　　　　　　　　　　单位:10 m³

名　称	计算式	单　位	结　果
小组总产量			
2 t 塔吊时间定额			
200 L 砂浆搅拌机时间定额			

3. 工料单价的确定

江苏省某工程使用的部分人工、材料、机械信息如下所示。

表 6－7　普通硅酸盐水泥(32.5 级)购买数量及费用资料

货源地	数量(t)	买价(元/t)	运距(km)	运输单价(元/t·km)	装卸费(元/t)	采购保管费率
甲地	100	3 000	70	0.6	14	2％
乙地	300	3 300	40	0.7	16	2％
合计	400					

注:水泥运输损耗率 2％,材料采购保管费率 2％,每 t 水泥用 20 个包装袋,每个袋子原价 2 元,回收率 80％,残值率 50％。

中型载重汽车(4 t 内)情况为:

① 载重汽车预算价格为 55 000 元／台,银行贷款购置,年折现率 5.2％,残值率 3％,年工作台班为 260,使用年限为 10 年,大修间隔台班为 480,大修周期为 3,一次大修费 6 500 元,

经常修理费系数 $K=4$。

② 汽车台班汽油消耗量为 25.48 kg,汽油单价 2.85 元/kg,人工日工资标准 60 元,工日增加系数为 0.25。

③ 有关税费规定:汽车养路费 160 元/(t·月),车船使用税 40 元/(t·年),车辆牌照费及其他规费合计为 210 元/年。

请结合题目的已知条件,完成问题 1~4。

(1)试回答江苏省建筑安装工程中人工单价、机械台班单价包括哪些内容,并作出相应解释。

(2)试计算该工程使用的硅酸盐水泥(32.5 级)的材料单价。

(3)试计算该工程使用的载重汽车(4t 内)的台班单价。

(4)查阅《江苏省建筑与装饰工程计价定额》(2014 年),试计算该地区每 10 m² 砖砌台阶(M5 水泥砂浆)定额分项工程的综合单价(题目中和未涉及的人工费、材料费以及管理费和利润执行 2014 计价定额不调整)。

单元 7　建筑工程定额应用

本单元知识点

1. 了解预算定额的应用方式；
2. 掌握定额计价法编制施工图预算；
3. 熟悉定额计价表格与样式。

任务 1　预算定额的应用

预算定额，是在正常的施工条件下，完成一定计量单位合格分项工程和结构构件所需消耗的人工、材料、机械台班数量及相应费用标准。预算定额是工程建设中的一项重要的技术经济文件，是编制施工图预算的主要依据，是确定和控制工程造价的基础。预算定额在各个地区叫法可能会略有不同，目前江苏省现行的预算定额为 2014 年版的《江苏省建筑与装饰工程计价定额》，作为工程造价的从业人员需能进行熟练应用。

一、预算定额的应用

预算定额是编制施工图预算，确定工程造价的主要依据，定额应用正确与否直接影响建筑工程造价。在编制施工图预算应用定额时，通常会遇到以下三种情况：直接套用、换算套用、编补充定额。

1. 直接套用

当施工图设计要求与预算定额项目内容一致时，或者做法不一样，但定额明确确定不允许换算或调整时，可以直接套用预算定额，大多数工程项目可以直接套用预算定额。套用定额时注意以下几点：

（1）要根据施工图的设计说明和做法说明，选择定额项目。

（2）要从工程内容，技术特征，施工方法等方面仔细核对定额项目中的工作内容、机械和材料，才能较准确的确定相应的子目。

（3）分项工程名称、单位要与预算定额相对应的内容一致。

（4）定额表中加括号的数量是作为换算调整的数值，该项目的定额基价未列入其内。如果工程实际情况与定额做法一样，直接套用的方法步骤归纳如下：

（1）根据施工图纸设计的分项工程项目内容，从定额手册中查出该项目的定额编号。

(2) 对照定额规定的内容是否相一致,当完全不一致或者虽然不一致,但定额规定不允许调整和换算时,即可直接套用定额。但是,在套用定额前必须注意分项工程的名称,规格,计量单位与定额相一致。

(3) 定额编号,综合单价人工费,材料费,机械费,管理费和利润,以及主要材料消耗量等分别填入预算表的相应栏内。

(4) 人、材、机的单价要调整。

例 7-1 某工程项目人工挖基坑,基坑底面积 4 m²,挖土深度 2 m,三类干土,按 2014 年计价定额,请确定定额子目。

解 套用定额 1-60,综合单价为:62.24 元/m³

2. 换算套用

实际做法与定额做法不一样,定额明确说明可以换算时要换算套用。如何换算套用要根据相应定额子目下面的注释、章节说明、总说明进行。换算方法有许多种,大致可以分以下几类:

(1) 系数的换算

这类换算在实际工作中应用广泛,定额规定多以章节说明和附注说明形式出现,分布于多个分部工程。

例 7-2 某机械土方工程中,采用反铲挖掘机在垫板上挖土(斗容量为 0.6 m³)不装车,按 2014 计价定额,请确定定额子目和综合单价。

分析 反铲挖掘机挖土定额子目是按照不在垫板上作业考虑的,施工方法不符。定额规定,挖掘机在垫板上作业时,其人工、机械乘以系数 1.25。

解 换算定额号:1-201 换

换算后综合单价:(231.00+2 520.99)×1.25×(1+25%+12%)=4 712.78 元/m³

(2) 材料品种的换算

材料品种换算主要是将实际所用材料品种替代换算选用定额子目中所含材料品种,通常是指各种成品安装材料以及混凝土、砂浆标号和品种等的换算。

由于材料品种的变化使得材料单价变化,而材料消耗量以及人工费、机械费不发生改变,因而只需要换算材料单价。

换算公式:

换算后综合单价=原综合单价+定额材料用量×(换入材料单价-换出材料单价)

=原综合单价+换入费用-换出费用

例 7-3 混合砂浆 M7.5 砌 KP1 多孔砖墙一砖墙的综合单价。

解 换算定额号:4-28 换

换算后综合单价:311.14-35.71+36.11=311.54 元/m³

(3) 工程类别的换算

此项换算是针对实际工程类别与定额确定工程类别不同而引起管理费率、利润率相应改变的换算。以一般建筑工程来说,定额取定类别为三类,如实际为一、二类,就需要换算。

由于材料用量不变,所以人工、材料、机械费不变,换算管理费和利润。

换算公式:

换算后综合单价=原综合单价+(人工费+机械费)×(换入管理费费率-换出管理费费率)

或＝材料费＋(人工费＋机械费)×(1＋换入管理费费率－换出管理费费率)

例7-4　按照一般计税法求泵送 C30 混凝土矩形柱的综合单价(一类工程)

解　换算定额号:6-190

换算后综合单价＝488.12＋(162.32＋21.52)×(0.49－0.37)＝498.18 元/m³

3. 编补充定额

当工程项目内容与定额条件完全不相符时,或者由于设计采用新结构、新材料及新工艺施工时,在预算定额中尚未编制相应子目,属于定额缺项时,可以编制补充定额,经建设方和施工方共同认可,或报请工程造价管理部门审批后执行。补充的方法一般有两种:

(1)定额代换法

定额代换法即利用性质相似、材料大致相同,施工方法又很接近的定额项目,将类似项目分解套用或考虑(估算)一定系数调整使用。

(2)定额编制法

定额编制法即计算人工、各种材料和机械台班消耗量指标,然后乘以人工工资标准、材料预算价格以及机械台班使用费,汇总之后得到补充预算定额的计价。其中材料用量按照图纸的构造做法及相应的计算公式计算,并加入规定的损耗率。人工及机械台班的使用量,可按劳动定额、机械台班使用定额计算。

任务2　定额计价法编制施工图预算

一、施工图预算的作用

施工图预算是在施工图设计完成后,根据施工图纸,预算定额或计价定额、施工组织设计、各项取费标准以及本地区人工、材料和机械台班的市场单价等编制的预算造价文件,如前所述施工图预算还有不同的表现形式,它只是建设过程的一个阶段编制的造价文件,但也是重要的造价文件之一。

施工图预算的作用如下:

(1)开户银行拨付工程价款的依据。开户银行根据审定批准后的施工图预算办理基本建设工程拨款,监督建设单位、施工单位双方按工程进度办理结算,使工程价款及时到位,保证基本建设项目的顺利进行。

(2)建设单位和施工单位进行工程结算的依据。建设单位与施工单位在工程结算时根据审定的施工图预算和施工中工程变更及工程索赔的资料进行工程费用结算。

(3)建设单位编制施工进度计划的依据。施工图预算是建筑安装企业正确编制施工进度计划、材料采购计划、劳动力需求计划、机械台班需求计划,进行施工准备、组织材料进场的依据。

(4)建筑安装企业加强经济核算,提高企业管理水平的依据。施工图预算中的人工、材料、机械台班消耗量是根据定额消耗水平计算的。企业在完成某单位工程施工任务时,为使人力、物力、资金消耗方面低于施工图预算水平,必须采取有效的技术组织措施,加强企业的经济核算和管理工作,从而促进企业的经营管理水平的提高。

（5）控制投资，加强施工管理和经济核算的基础。

（6）建筑安装企业进行"两算"对比的依据。"两算"对比是指施工图预算与施工预算的对比。通过"两算"对比分析，可以预先找出工程节约或超支的原因，防止人工、材料、机械费的超支，避免发生工程成本亏损。

（7）招标控制价和报价的重要组成部分。工程招投标过程中，施工图预算是编制招标控制价的一种重要方法，也是进行报价的重要依据。

二、施工图预算编制的依据

（1）施工图纸、图纸会审记录、有关标准图集。这些技术文件表明了工程的具体内容、技术结构特征、建筑尺寸和数量等。根据这些资料并结合预算定额的内容要求，即可将工程划分若干分项工程和结构构件，并计算工程量。所以，施工图纸、相关标准图集图纸会审记录是编制施工图预算的主要对象和重要依据。

（2）现行的预算定额或计价定额。现行的预算定额或计价定额是编制施工图预算的基础资料，它规定了分项工程项目划分及其工作内容和相应的消耗标准，同时还规定了工程量计算规则等重要问题。因此，预算定额或计价定额是编制施工图预算时确定分项工程项目、工程量计算、套用单价和进行工料分析的重要依据。

（3）施工组织设计（或施工方案）。施工组织设计（或施工方案）是确定施工进度计划、施工方法或主要技术措施以及施工现场平面布置等内容的文件。在计算工程量时，施工图纸未确定的内容，都在施工组织设计（或施工方案）中做了明确安排。这些内容对分项工程项目的选择、分项工程量的计算、计取各项费用、确定工程造价都有重要影响。因此，编制施工图预算时，施工组织设计是不可缺少的编制依据。

（4）费用定额或取费标准。各地区（或行业）都有本地区（或行业）的费用定额和各项取费标准，在套用预算定额或计价定额的前后，需要确定管理费、利润、措施费、规费、税金等费用标准，然后依据上述标准进行。

（5）工程合同或协议。如果在编制施工图预算前已签订了不同形式、不同深度的工程合同，在工程合同中可以规定工程的承包方式、承包范围和内容、工程质量、工期、施工准备、技术资料供应、物资供应等内容，这些规定是编制施工图预算的重要依据。

（6）当时、当地的人工、材料、机械台班的现行价或市场价，以及相应的调整价差规定。预算定额或计价定额中的人工、材料、机械台班的价格是过时的价格。在施工图预算编制时期，各种价格均有可能发生变化，各地区也有相应的价差调整文件，我们可以根据施工图预算编制时期的价格进行调整，以保证施工图预算造价的及时性和准确性，真实反映工程的价格。

（7）预算工作手册及其他工具书。预算工作手册及其他工具书中有常用数据（如钢筋混凝土构件的混凝土及钢筋含量、砖基础大放脚增加面积、钢材单位质量等）、计算公式和工程量计算系数等。查用手册可避免重复运算，加快工程量的计算速度。

（8）有关部门批准的设计概算。设计概算是拟建工程造价的最高投资限额，是控制施工图预算造价的重要依据。若施工图预算造价突破设计概算造价，则要调整设计以降低预算造价，把造价控制在合理范围内。

三、施工图预算的编制方法与编制步骤

施工图预算是施工图设计阶段编制的工程造价文件,由于用途和目的的不同,其表现形式也不同,比如招标人编制的成果叫招标控制价,投标人编制的成果叫投标报价,但是无论是哪种形式的造价文件,其编制的方法和过程是大致相同的。施工图预算是实际工程中最常见的表现形式,下面就施工图预算的编制依据,编制内容以及编制流程做简单说明。

1. 编制的内容

根据《江苏省建设工程费用定额》(2014 版)的规定,工程造价的费用主要包括:分部分项工程费、措施项目费、其他项目费、规费和税金。所以施工图预算的内容也主要包括这五个方面的内容,但是为了保证造价文件的完整性,施工图预算书包括的具体内容如下:

施工图预算表格

(1) 封面

预算书封面有统一的格式,分建筑、安装、装饰等不同种类,每个单位工程预算用一张封面,填写上相应的内容,比如××市××区××小区××工程招标控制价。招标人和造价咨询人还应签字盖章,编制人位置加盖造价师或者造价员的印章,在公章位置加盖单位公章,预算书即时产生法律效力。

(2) 编制说明

编制说明主要表达一些在后面的预算表中无法体现,而又需要使用单位及审核单位等相关人员必须了解的内容。它一般包括以下内容:

① 工程概况及编制的范围

工程概况主要包括工程所处的位置,基础类型,层数,层高,占地面积,建筑面积,抗震等级等等。

编制的范围可以是编制的具体分部工程名称,比如土石方工程、桩基工程、砌筑工程、混凝土工程、钢筋工程等,也可以是泛泛的写,图纸中所涉及的所有土建相关工程等。

② 编制依据

上面内容已经讲解,这里不再赘述。

(3) 单位工程造价汇总表

此表中主要包括分部分项工程费、措施项目费、其他项目费、规费和税金,以及这五项费用的汇总计算。

(4) 分部分项和单价措施项目费表

本表是用来计算分部分项工程费和单价措施项目费的表格,这块费用占施工图预算造价的比重最大。其内容包括序号、定额编号、项目名称、计量单位、工程数量、综合单价、合价等。

(5) 总价措施项目表

本表是用来计算总价措施项目费的表格,主要内容包括序号、项目名称、计算基础、费率、计算过程、金额等。

(6) 其他项目费表

这部分内容主要包括:暂列金额、暂估价、计日工、总承包服务费。

（7）分部分项及单价措施项目综合单价分析表

综合单价分析表主要对分部分项工程项目及单价措施项目进行的综合单价分析,主要包括综合单价的各项构成及合价的各项构成。

（8）工程量计算表

本表主要用来计算分部分项和单价措施项目中单价项目的工程量的表格。它是编制施工图预算书、确定预算造价的重要基础数据。其内容包括:序号、项目名称、计量单位、工程数量和详细的计算过程。但是对于钢筋、铁件工程量计算,使用专门的配料单。在使用算量软件时,输出的计算过程数据往往十分庞大。

2. 编制的步骤

（1）准备工作

这部分工作主要包括熟悉施工图纸、了解现场情况和施工组织设计资料及有关技术规范、熟悉预算定额、了解并搜集现行的人工、材料、施工机具使用台班价格。

（2）列出工程项目、计算工程量

在熟悉图纸和预算定额的基础上,根据定额的项目划分,列出所需计算的分部分项工程和单价措施项目的项目名称。

项目名称的确定方法有两种:

① 定额法,即自定额的第一个子目开始逐项核对施工图纸中是否发生,直至定额的全部内容核对完毕;

② 施工图法,即按照施工过程的顺序自准备施工开始逐项在定额中查找应该套用的定额子目,直至工程完工。

项目列完以后要根据预算定额中工程量计算规则的规定计算所列项目的工程量,工程量的计算是编制施工图预算的原始计算数据,是最重要的工作之一,也是耗时最多的一项工作,占预算编制工作70%以上的时间,工程量计算的准确程度和快慢,将直接影响预算编制的质量和速度。编制预算不仅要求认真、细致和准确,而且要按照一定的计算顺序进行,要求“不重不漏”,即不重项不漏项、不重算不漏算。同一项目内容自下而上顺序计算;同一张图纸先上后下、先左后右顺序计算;需要重复利用的数据先行计算;“先整体、后扣除、再增加”等,从而避免和防止“重”“漏”现象的产生,同时也便于校对和审核。

（3）套用预算定额

工程量计算结束后,根据前面已经完成的列项情况套用相应的定额子目,定额套用时有三种方式:直接套用、换算套拥、套用补充定额子目。

（4）输入采集到的人工、材料、施工机具使用台班的市场价格信息或者信息价

预算定额中的人工、材料、施工机具使用台班的单价是拟定的某一个地区特定时间的价格,但价格具有动态性,所以在套用定额并换算完成后,需要将采集到的最新的人工、材料、施工机具使用台班的市场价格信息或者信息价输入到软件中进行价格的调整,从而生成最新的分部分项工程费和单价措施项目费。

上述步骤相当于仅仅使用的是预算定额中的人工、材料、施工机具使用台班的消耗量,人工、材料、施工机具使用台班的单价和预算定额中相应的单价没有任何关系。

（5）调整费率及税率

在相应的计价软件中对总价措施项目费的费率、规费、税金等保留进行最后的调整，为工程造价的汇总计算做最后的准备工作，调整的时候一般依据当地的政策文件或者施工合同约定或者实际情况的需要。

（6）检查、复核

（7）填写编制说明、封面

（8）打印、装订、签章

任务 3　定额计价表格与样式

一份完整的建筑工程施工图预算书是由各项计算表格组成的。采用定额计价方法编制施工图预算书需要的表格及其应用介绍如下。

一、工程量计算表

目前工程量计算方法有手工计算和算量软件计算两种，这两种方法实际输出的表格略有差别。

采用算量软件计算，可以直接打印出工程量计算表，或者导出 Excel 中。算量软件导出的工程量计算表分两种情况：一种是表格算量的工程量计算表，另一种是图形算量的工程量计算表。这两种方法输出表格稍微有些区别，但都可以通过设置及调整来达到需要的结果。

使用算量软件计算工程量，往往不需要打印出详细的工程量计算过程，因为在核对工程量时，可以采用模型图快捷方便地核对。一般选择局部或某一单项构件打印出详细的工程量计算过程。

使用手工计算工程量时，必须要有详细的计算过程及简要的标注才能便于核对，全部计算过程都在工程量计算表格中显示。这种工程量计算表格的表现形式在实际应用中略有不同，但其需要表现的内容大体相同，主要包括项目名称、计量单位、计算过程等信息。表 7-1 是最常用的一种工程量计算表格样式。

表 7-1　工程量计算表

工程名称：　　　　　　　　　　　　　　　　　　　　　　　　第　　页　共　　页

序　号	定额编号	项目名称	计量单位	工程量	计算过程

二、分部分项工程费计算表

分部分项工程费的计算主要是在按照定额的计算规则计算出工程量后，套用预算定额计算出分部分项工程费，这个计算过程可以在表 7-2 中进行。

表 7-2　分部分项工程费计算表

工程名称：　　　　　　　　　　　　　　　　　　　　　　第　页　共　页

序　号	定额编号	分部分项工程名称	计量单位	工程量	综合单价/元	合价/元
本页小计						
合计						

三、措施项目费计算表

措施项目包括两种形式，因此措施项目费计算表也有两种形式，即单价措施项目费计算表和总价措施项目费计算表。除此之外，也可以用措施项目费汇总表来将两种措施项目进行汇总合计。

单价措施项目费计算表用于计算脚手架、超高增加费等单价措施项目，其表格和分部分项工程费计算表相似，见表 7-3。

表 7-3　单价措施项目费计算表

工程名称：　　　　　　　　　　　　　　　　　　　　　　第　页　共　页

序　号	定额编号	措施项目名称	计量单位	工程量	综合单价/元	合价/元
本页小计						
合计						

总价措施项目费计算表用于计算临时设施费、现场安全文明施工费等，一般按照分部分项工程费乘以费率计算，可以利用表 7-4 进行计算。

表 7-4　总价措施项目费计算表

工程名称：　　　　　　　　　　　　　　　　　　　　　　第　页　共　页

序　号	措施项目名称	计算基础	费　率	计算过程	金额/元

上述两种措施费计算完成后，可以使用表 7-5 来汇总措施项目费。不过由于内容单一，也可以在单位工程造价汇总表中直接汇总

表 7-5　措施项目费汇总表

工程名称：　　　　　　　　　　　　　　　　　　　　　　第　页　共　页

序　号	措施项目名称	金额/元	备　注
1	单价措施项目费合计		

续　表

序　号	措施项目名称	金额/元	备　注
2	总价措施项目费合计		
	合计		

四、其他项目费计算表

其他项目费包括暂列金额、暂估价、计日工和总承包服务费，根据需要或约定计算。

五、规费、税金计算表

规费、税金计算表的样式见表 7-6。由于规费、税金的计算项目较少，也可以直接在单位工程造价汇总表中汇总计算。

表 7-6　规费、税金计算表

工程名称：　　　　　　　　　　　　　　　　　　　　　　　　　第　页　共　　页

序　号	项目名称	计算基础	费　率	计算过程	金额/元
1	规费				
1.1					
1.2					
1.3			.		
	小计				
2	税金				
2.1					
2.2					
2.3					
	小计				
	合计				

六、工程单价的组成

当实际工作中需要提供工程单价及合价的组成时，其表格样式详见表 7-7 和 7-8。当然，当有这种需要时，还可以直接用这些表来替代分部分项工程费计算表及单价措施项目费计算表。

表 7 - 7　分部分项工程综合单价分析表

工程名称：　　　　　　　　　　　　　　　　　　　　　　　　　　　　　　第　页　共　页

序号	定额编号	分部分项工程名称	计量单位	工程量	综合单价/元						综合单价/元					
					合计	其　中					合计	其　中				
						人工费	材料费	机械费	管理费	利润		人工费	材料费	机械费	管理费	利润

表 7 - 8　单价措施项目综合单价分析表

工程名称：　　　　　　　　　　　　　　　　　　　　　　　　　　　　　　第　页　共　页

序号	定额编号	措施项目名称	计量单位	工程量	综合单价/元						综合单价/元					
					合计	其　中					合计	其　中				
						人工费	材料费	机械费	管理费	利润		人工费	材料费	机械费	管理费	利润

有的地区土建工程预算定额计价不是综合单价而是工料单价，工料单价仅包括人工费、材料费、机械费，表格中比上述少两列，具体见表 7 - 9 和表 7 - 10。

表 7 - 9　分部分项工程工料单价分析表

工程名称：　　　　　　　　　　　　　　　　　　　　　　　　　　　　　　第　页　共　页

序　号	定额编号	分部分项工程名称	计量单位	工程量	综合单价/元				综合单价/元			
					合　计	其　中			合　计	其　中		
						人工费	材料费	机械费		人工费	材料费	机械费

表 7-10　单价措施项目工料单价分析表

工程名称：　　　　　　　　　　　　　　　　　　　　　　　　　　　　第　页　共　页

序　号	定额编号	措施项目名称	计量单位	工程量	综合单价/元				综合单价/元			
					合　计	其　中			合　计	其　中		
						人工费	材料费	机械费		人工费	材料费	机械费

七、人工、材料、机械台班数量及单价汇总表

该表格不仅全面反映出单位工程所消耗的人工、材料、机械台班的数量，同时把编制预算时所取定的人工、材料、机械台班单价显示出来，而且表格中的合价表现出单位工程的人工费、材料费和机械费。具体表格样式详见表 7-11。

表 7-11　人工、材料、机械台班数量及单价汇总表

工程名称：　　　　　　　　　　　　　　　　　　　　　　　　　　　　第　页　共　页

序　号	代　码	名　称	规　格	计量单位	数　量	单　价	合　价	备　注

八、人工、材料、机械台班数量分析表。

表 7-12　人工、材料、机械台班数量分析表

工程名称：　　　　　　　　　　　　　　　　　　　　　　　　　　　　第　页　共　页

序　号	名　称	规　格	计量单位	数　量	序号	名　称	规　格	计量单位	数　量

九、单位工程造价汇总表

一个单位工程的预算造价通过汇总表计算后，各种费用在汇总表中一目了然，为使用者提供方便。虽然前面的计量、套定额过程复杂，费时较多，但汇总造价是我们需要确定的最重要指标。单位工程造价汇总表的格式见表 7-13。

表 7 - 13　单位工程造价汇总表

工程名称：　　　　　　　　　　　　　　　　　　　　　　　第　　页　共　　页

序　号	费用名称		计算公式	金额/元
一	分部分项工程费		1＋2＋3＋4＋5	
	其中	1. 人工费		
		2. 材料费		
		3. 机械费		
		4. 管理费		
		5. 利润		
二	措施项目费		（详见措施项目费汇总表）	
三	其他项目费		（详见其他项目费汇总表）	
四	规费		（详见规费、税金计算表）	
五	税金		（详见规费、税金计算表）	
六	工程造价		一＋二＋三＋四＋五	

也可以采用表 7 - 14 所示表格形式，不仅能够省去前面的一些汇总表，而且使费用计算过程一目了然。

表 7 - 14　单位工程造价汇总表

工程名称：　　　　　　　　　　　　　　　　　　　　　　　第　　页　共　　页

序　号	费用名称		计算公式	金额/元
一	分部分项工程费		1＋2＋3＋4＋5	
	其中	1. 人工费		
		2. 材料费		
		3. 机械费		
		4. 管理费		
		5. 利润		
二	措施项目费		1＋2	
	其中	1. 单价措施项目费	（详见单价措施项目费计算表）	
		2. 总价措施项目费	（详见总价措施项目费计算表）	
三	其他项目费		1＋2＋3＋4	
	其中	1. 暂列金额		
		2. 暂估价		
		3. 计日工		
		4. 总承包服务费		

续　表

序　号	费用名称		计算公式	金额/元
四	规费		1+2+3	
	其中	1. 环境保护税	(一+二+三)×税率	
		2. 社会保险费	(一+二+三)×费率 1	
		3. 住房公积金	(一+二+三)×费率 2	
五	税金		(一+二+三+四)×税率	
六	工程造价		一+二+三+四+五	

单元习题

1. 简述计价定额的应用方式。
2. 简述施工图预算的作用。
3. 简述定额计价方式下施工图预算的编制步骤。
4. 简述施工图预算的编制依据。

参考文献

1. 江苏省住房和城乡建设厅.江苏省建设工程造价估算指标(2017年)[M].南京:江苏人民出版社,2013.

2. 全国造价工程师职业资格考试培训教材编审委员会.建设工程计价[M].北京:中国计划出版社,2013.

3. 曾爱民.工程建设定额原理与实务[M].北京:机械工业出版社,2010.

4. 袁建新.工程造价概论[M].北京:中国建筑工业出版社,2011.

5. 徐琳.建筑工程预算[M].北京:中国建材工业出版社,2011.

6. 全国造价工程师职业资格考试培训教材编审委员会.工程造价计价与控制[M].北京:中国计划出版社,2009.

7. 何辉,吴瑛.工程建设定额原理与实务[M].北京:中国建筑工业出版社,2015.

8. 易红霞.建筑工程造价综合实训[M].长沙:中南大学出版社,2016.

9. 刘薇,叶良,孙平平.土木工程概预算与投标报价[M].北京:北京大学出版社,2012.

10. 马楠.建设工程造价管理[M].2版.北京:清华大学出版社,2012.

11. 严玲,尹贻林.工程计价实务[M].北京:科学出版社,2010.

12. 周述发.建设工程造价管理[M].武汉:武汉理工大学出版社,2010.

13. 张全友,陈起俊.工程造价管理[M].北京:中国电力出版社,2012.

14. 刘长滨,李芊.土木工程估价[M].2版.武汉:武汉理工大学出版社,2014.

15. 田林钢.工程定额原理[M].北京:中国水利水电出版社,2019.

16. 陶学明,熊伟.建设工程计价基础与定额原理[M].北京:机械工业出版社,2016.

17. 李锦华,郝鹏.工程定额原理[M].2版.北京:电子工业出版社,2015.

18. 曹小琳,景星蓉,晏永刚.建筑工程定额原理与概预算[M].2版.北京:中国建筑工业出版社2015.

19. 陶学明.建设工程计价基础与定额原理[M].北京:机械工业出版社,2016.

20. 李建峰.建设工程定额原理与实务[M].北京:机械工业出版社,2013.

21. 侯晓梅.建筑工程定额原理与计价[M].北京:北京理工大学出版社,2018.

22. 黄伟典.工程定额原理[M].北京:中国电力出版社,2008.

23. 陈贤清.工程建设定额原理与实务[M].北京:北京理工大学出版社,2009.

24. 陈贤清,苏军.工程建设定额原理与实务[M].2版.北京:北京理工出版社,2014.

25. 田恒久,张守财.工程建设定额原理与方法[M].武汉:武汉理工大学出版社,2008.